I0492241

EPISTEMOLOGÍA DE LAS CIENCIAS SOCIALES.

Fundamento teóricos y conceptuales

EPISTEMOLOGÍA DE LAS CIENCIAS SOCIALES.

Fundamentos teóricos y conceptuales

YEZID CARRILLO

Grupo de investigación en Teoría jurídica y derechos
fundamentales "phrónesis".

Grupo de Investigación en Filosofía del derecho y derecho
internacional

CENTRO DE ESTUDIOS INTERNACIONALES DE CIENCIAS
JURÍDICAS Y FILOSOFÍA DEL DERECHO

Epistemología de las ciencias sociales. Fundamento teóricos y conceptuales

Autor: Yezid Carrillo De la rosa

Orcid: 0000-0001-5362-3752

ISBN: 979-868-9161-38-9

Primera edición: 2020

Edición

Centro de Estudios Internacionales de Ciencias Jurídicas y Filosofía del Derecho.

Centro, Edificio Julio Barbur, oficina 202

Cartagena-Colombia

TABLA DE CONTENIDO

INTRODUCCIÓN

Este libro trata sobre fundamentos históricos y epistemológicos de las ciencias en general y de las ciencias sociales en particular. A continuación, el lector encontrará un registro de los hechos, tendencias y posturas filosóficas que han influido, de manera decisiva, en la definición del concepto de "ciencia" y de "ciencias sociales" y, que han aportado, a la discusión sobre su método y su racionalidad. A partir de ello, se elabora un marco teórico y conceptual para interpretar la problemática de las ciencias sociales, la cientificidad del saber, su metodología y su discurso.

Por la forma como está elaborado este libro y su intención didáctica, puede ser tomada como un texto de epistemología general, pues reflexiona sobre la forma como, en la cultura occidental, se ha desarrollado la idea de ciencia, además, sistematiza y expone los problemas y teorías epistemológicas que han ido surgiendo con su desarrollo histórico. En esa medida, puede resultar útil para estudiosos e investigadores de las áreas de las ciencias sociales y, en especial, para aquellos que se interesen por el estudio de las tradiciones y paradigmas epistemológicos.

I. EL CONCEPTO DE CIENCIA

La ciencia ha sido estudiada como una institución social, histórica y cultural, como un discurso articulado a las relaciones de poder y como un saber racional.

1. La ciencia como institución social

La ciencia como institución social y humana existe desde tiempos remotos: Heródoto señala como las crecidas del Nilo inundaban periódicamente los campos cultivables, como consecuencia de ello, los llamados Harpedonautas o Agrimensores median las tierras para redistribuirlas, estos personajes hacían surgir el orden del caos. El mundo y la vida recomenzaban para los agricultores del valle del Nilo gracias a la geometría y la medida del agrimensor. Este es, según Heródoto, el origen de la geometría, acaso sin saberlo el agrimensor (Serres, 1991, 90-91). Fueron también los egipcios, quienes al construir un saber en el ámbito de la meteorología y la periodicidad de las estaciones, produjeron la primera revolución tecnológica de la humanidad: la aparición de la agricultura, que causó un gran impacto espiritual y social, debido a que transforma el modo de ser y de estar con la tierra, la que comenzó a ser deseada y utilizada como elemento de producción de bienes y riqueza, la división social del trabajo, la circulación de bienes y la aparición de instituciones como el estado y el derecho. Los babilonios estudiaron los eclipses y elaboraron un conocimiento rudimentario sobre los cuerpos celestes y la interposición de los cuerpos; sin embargo, como se evidenciará más adelante, hasta el siglo XVII la ciencia fue un saber que tuvo muy poca repercusión en la vida y el pensamiento de los hombres. Las estadísticas señalan que, a comienzos del renacimiento, existía un 99% de analfabetismo en la población rural de Europa y en las ciudades sólo el 50 % sabía leer y escribir. Es, sobre todo, a partir de la ciencia moderna y la posterior aplicación masiva de los principios científicos a los procesos de producción de bienes de consumo (revolución industrial), que la ciencia se convierte en una institución social con una fuerza decisiva en la transformación de la historia humana.

2. La ciencia como poder

El análisis de la ciencia también puede hacerse desde la perspectiva de las relaciones de poder, es decir, como un poder, como conocimiento que confiere un poder manipulador (Feyerabend) o como condición de posibilidad del ejercicio del poder (Foucault), para quien los regímenes discursivos del saber reproducen formas sociales de dominación.

Bacón es quien acuña, en la historia del pensamiento filosófico, la frase: "El saber es poder". Constituyéndose en una de las figuras más polémica con que cuenta el pensamiento filosófico: por su pragmatismo exacerbado, su inescrupulosa ambición política y su alabanza desmedida en la renovación de la ciencia.

En su utópico estudio New Atlantis (Nueva Atlántida), que redactó al final de su existencia, desarrolla una visión del futuro en el que describe una sociedad científica que vive sólo en función de la ciencia, lo que sugiere el abandono del ideal del sabio humanista, satisfecho con su labor solitaria, para sustituirlo por una ciencia institucionalizada que responde al esquema de un saber que se reproduce con finalidades sociales y políticas específicas, por un saber que se atesora y que es explotado técnica y meticulosamente, asimilándolo a un bien valioso, a una mercancía que debe ser producida bajo una minuciosa planificación y cuyos resultados no se exponen a la opinión pública, sino que se guardan, porque el secreto y el misterio en el saber es la regla básica.

Es esta sugerencia de Bacón de mantener atesorados y en el misterio el resultado de la investigación básica, la que lo aparta de la tradición filosófica en general y de la ilustración en particular, quienes consideraron que el saber general no puede perjudicar y debe ser accesible a todos. Esta nueva relación entre el hombre, el sujeto de conocimiento y el saber, se expresa claramente en el tercer aforismo del Novun Organum (Nuevo Órganon o indicaciones relativas a la interpretación de la naturaleza escrita en 1620), en donde se unen saber y poder. Bacon también habla del poder del hombre sobre la naturaleza y de la relación de dominio que se posibilita por parte del individuo sobre su entorno, siendo, a su vez, este poder sobre la naturaleza es el camino para el desarrollo político del poder.

A pesar de las críticas que se pueden realizar al pragmatismo baconiano, hay que reconocerle el haber puesto al descubierto esa nueva articulación que se estaba operando en el mundo moderno entre hombre, naturaleza y conocimiento, que redefine la relación entre la sociedad, el poder y el saber; conjetura que hoy permiten explicar la relación entre la ciencia, la tecnología, el poder político (tecnocracia) y el poderío militar que se experimenta en el mundo actual.

En relación a la tecnocracia, recuérdese, es una concepción del gobierno en la sociedad que surge a principios del siglo XX en Estados Unidos, en la que los tecnólogos o técnicos sustituyen al político en la toma de decisiones. En la tecnocracia, según García-Pelayo, la razón política se identifica con la razón técnica que gobierna el proceso y la estructura político-institucional; la ciencia y la técnica proveen el conocimiento necesario para la dirección del sistema, lo que elimina los conflictos ideológicos o de intereses. Este esquema de gobierno no es sino la concreción de un esquema ideológico y de un movimiento sociopolítico mucho más amplio: el progresismo norteamericano, que fundado sobre "el mito del ingeniero", abogaban por una separación entre administración y política y por una redistribución del trabajo y la toma de decisiones, en donde esta última pasara de los políticos a los técnicos expertos, es decir a los tecnócratas, quienes pueden solucionar los problemas sociales de forma "neutral". En el fondo, la tecnocracia es la versión más sutil o, si se quiere, final del racionalismo ilustrado y de la modernidad. Hoy como nunca la actividad científica requiere de la economía y de los tecnócratas, escenario desde el cual se definen las políticas públicas en materia de ciencia y tecnología.

En lo referente a ciencia y desarrollo militar (ciencia bélica), no se puede olvidar que, después de la segunda guerra mundial, resurge la discusión en torno del enorme potencial que la ciencia y la tecnología pueden aportar al desarrollo social y económico y, sobre todo, las ventajas comparativas que esta actividad puede traer frente a los otros estados en materia bélica. Uno de los factores que influye, decisivamente, en el rumbo de la ciencia, ha sido la guerra (Arquímedes uso espejos para incendiar las naves romanas, de la misma manera que los científicos diseñan aviones que escapan a los radares o fabrican armas químicas) o, mejor, la industria bélica, que presupone a la "ciencia bélica", considerada por muchos economistas como el mejor negocio de todos los tiempos. (Carrillo, 2001, pp. 81-82)

Como consecuencia de todo lo dicho anteriormente, debe reconocerse que la distinción o separación tradicional que se hace entre la ciencia pura y la ciencia aplicada, esto es, entre la investigación desinteresada y objetiva que surge de la admiración y deseo del hombre de explicar y comprender su realidad (analizar propiedades, estructuras y relaciones para formular y contrastar o verificar hipótesis y elaborar las teoría o leyes científicas) y la aplicación de ese saber a la realidad, está siendo borrado; de manera que la ciencia como un fin en sí, como actividad que pretende describir y explicar teóricamente la realidad y sus aplicaciones en una tecnología específica, se van diluyendo. La revolución industrial expresa, esencialmente, la disolución entre la ciencia como una actividad magnánima y filantrópica y la de la ciencia como un discurso del poder. Hoy día es incuestionable que son las orientaciones y propósitos de las aplicaciones de la ciencia (industria alimenticia, bélica, farmacéutica, etc.) la que decide y orienta la investigación pura.

3. La ciencia como saber racional

A pesar de lo anterior, la aproximación a la ciencia que se hace en este escrito, parte de la consideración de que ella es primordialmente un "saber racional" que tiene un momento de emergencia decisivo en la historia del pensamiento y de la cultura humana: Grecia, espacio cultural e intelectual en el que surgen las dos grandes tradiciones sobre la ciencia, que incluso hoy subyacen a la actividad investigativa: la tradición aristotélica cualitativa, interpretativa y comprensiva y la tradición galileana cuantitativa, explicativa y predictiva. La primera recibe el nombre de Aristóteles, uno de sus más importantes representantes, la segunda en cambio, aunque debe su nombre a Galileo Galilei, se deriva del pensamiento pitagórico, platónico y arquimédico. Estas concepciones o teorías sobre la ciencia se desprenden o encuentran el fundamento en los pensadores presocráticos que sientan las bases de la racionalidad y de la forma como se produce el conocimiento en occidente.

II. LA RACIONALIDAD EN LOS
PRESOCRÁTICO

La forma como el individuo comprende, se relaciona y construye su conocimiento sobre la realidad, al igual que las categorías que usa para explicarla o criticarla o sistematizarla y, en general, la manera como se lleva a cabo la práctica científica o filosófica, hunden sus raíces en el modo de pensar y de razonar de los presocráticos, quienes elaboraron un conjunto de ideas y presupuestos que les permitió indagar y reflexionar sobre la naturaleza y el fundamento último de lo existente. Una de esas ideas es, como la denomina Popper: la "tradición de la discusión crítica", la otra es ya un lugar común: la idea del "racionalismo absoluto" o de una realidad racional.

EPISTEMOLOGÍA DE LAS CIENCIAS SOCIALES

1. La tradición de la discusión crítica

Con los presocráticos, según Popper, se inicia la tradición de la discusión crítica, que se refleja en la actitud dialéctica y crítica que estos tuvieron ante las diferentes tesis que intentaban explicar la realidad, la cual es muy diferente a la que tuvieron la otras culturas y civilizaciones, que más bien se ocuparon de crear estructuras educativas que preservaran, pura y sin cambios, la doctrina de su fundador o que, simplemente, reformularan los conceptos primitivos del maestro o sus palabras. En el marco de estas estructuras dogmáticas, la defensa de las tesis y las ideas se hacía no apoyándose en argumentos críticos, sino en aseveraciones, declaraciones o condenaciones; un ejemplo único y excepcional de este tipo de instituciones, en el mundo griego, fue la es la escuela pitagórica (Popper, 1958, 26).

Los presocráticos y, en general, los griegos, se orientaron de una manera totalmente diferente; su fundamento fue el debate, la crítica abierta y la discusión racional entre varias escuelas y al interior de la mismas, es por eso que las ideas surgían dentro de un contexto dialéctico mediado por la libertad y creatividad, que permitió que cada generación propusiera una filosofía y una cosmogonía de mucha originalidad. Jenófanes, quien lleva la tradición jónica a Elea, parece estar consciente de que sus enseñanzas y conocimientos eran meramente conjeturales y falibles y que vendrían otros que sabrían mucho más que él (Popper, 1958, 27).

Este talante se va a mantener en el pensamiento griego y se convertirá en el fundamento de su sistema de pensamiento. Las escuelas griegas no propugnaron por la preservación de una doctrina específica, por el contrario, estimularon y gestionaron la creación de nuevas ideas y la relación dialéctica y crítica entre discípulo y maestro.

La tradición de la discusión crítica propone una ruptura, un rompimiento con la actitud dogmática, reivindicando la existencia de un mundo diverso, plural, en el que no hay verdades preestablecida ni por establecer, un universo en el que el conocimiento tiene un carácter conjetural, hipotético, meramente provisional y en donde la discusión racional se convierte en el único instrumento que se tiene para obtenerlo (Popper, 1958, 29).

2. Los presocráticos y el racionalismo absoluto

Las indagaciones presocráticas, además, proveen al pensamiento griego y occidental del esquema conceptual sobre la cual estructuraron su forma de razonamiento y de análisis, se trata de una idea, una tesis, un presupuesto metafísico, según el cual, la "physis" (naturaleza) estaba sometida a un "logos" (razón) y el mundo se hallaba regido por leyes inexorables y racionales que nada ni nadie podía violentar, de lo que se infiere, que la totalidad de lo real, de lo existente, no se encontraba al arbitrio o al azar sino, por el contrario, gobernado por un orden racional absoluto, de manera que, conocer la "physis", saber que era lo real, exigía conocer ese orden, desentrañar esa racionalidad.

Si el hombre es logos, si su carácter esencial es el de ser racional, debía, entonces, el mundo, para ser inteligible, para ser aprehensible y explicable, portar las mismas cualidades racionales. Este racionalismo fue el gran invento griego, la gran ficción, el legado sobre el cual se ha construido el saber y edificado las hipótesis o conjeturas en occidente. Ahora bien, éste racionalismo griego se apoya en algunos presupuestos:

a. La idea de juicios universales: los presocráticos privilegiaron los juicios universales sobre los particulares, no por creer que estos fueran falsos y los primeros verdaderos (ambos pueden ser verdaderos o falsos), sino por considerar que estos últimos transmitían conocimientos transitorios y circunstanciales, no permanentes como si lo hacían los primeros; lo que para los griegos inclina la balanza a favor de los universales, es que éstos, a diferencia de los particulares, permiten conocer las cosas por lo que son, es decir, en sus causas y principios. El juicio universal lo es por la intención del sujeto y no por consideración al objeto que se conoce. No existen los universales como objetos externos al sujeto de conocimiento, lo que existe es la actitud de éste último que tiene como finalidad organizar cierta información y algunas intuiciones de manera que al final se obtengan conocimientos permanentes sobre los objetos. La característica básica del juicio universal consiste en suponer que el objeto que se describe siempre ha sido, es y será o, que el fenómeno analizado siempre ha sucedido, sucede y sucederá de la manera que se detalla, lo que en realidad es absolutamente falso, pues, del futuro no se puede tener ninguna evidencia empírica sino meras suposiciones, las constataciones son siempre hacia el pasado.

b. La idea de unidad: la idea de juicios universales no era posible sin otro presupuesto, según la cual, existe la unidad a pesar de la diversidad. Los presocráticos, a pesar de constatar empíricamente una realidad múltiple y heterogénea, que en sana lógica sólo podía ser expresada por medio de juicios particulares, creyeron en la posibilidad de reconducir esa pluralidad a un fundamento o base común que permitiera su unificación de la experiencia no será posible la existencia de los juicios universales.

En síntesis, para los presocráticos, la formulación de juicios universales exigía la aceptación de una hipótesis que desobedecía la evidencia sensible, conjetura según la cual existe la unidad a pesar de la multiplicidad. Esta fue la idea que guio a los primeros cosmólogos quienes, contra toda evidencia del cambio, admitieron que algo permanece y persiste, que a pesar del devenir algo queda y permite que se hable de unidad.

La multiplicidad es lo que se revela a los sentidos, es la forma de aparecer lo "uno" o el "ser" en el mundo "real", es su apariencia no en su esencia. Para los presocráticos, orientarse por los sentidos es creer que la apariencia múltiple es el "ser", su realidad, por el contrario, al guiarse por la razón se constata que el "ser" es el "uno" y que la multiplicidad es su apariencia. Conocer lo que sean las cosas, según esta apreciación, exige no dejarse engañar por esa impresión primera de los sentidos sino, por el contrario, tratar de aprehender la unidad o esencia encubierta por la apariencia. Así las cosas, el conocimiento verdadero para los presocráticos surge como consecuencia del descubrimiento de ese orden o logos interno que, al reconducir la apariencia a un principio único, permite sistematizar y comprender la realidad, caótica, discontinua y desordenada como totalidad.

La tradición aristotélica de la ciencia y la galileana supondrán, al igual que los presocráticos, que la realidad es racional y que la actividad de la ciencia debe estar orientada a descubrir esa racionalidad, que puede expresarse en principios o leyes. Lo que las distingue, es la forma como cada una de ellas entienden esa racionalidad. Así, para la tradición antigua, la racionalidad que gobierna a la naturaleza (physis) es teleológica, por eso, descubrir los fines que guían a los objetos que pueblan el universo es saber lo que son, por el contrario, en la tradición moderna, apoyada en la teoría platónica que reduce el logos de la realidad a matemática, según los postulados de Arquímedes y Pitágoras, conocer el mundo es poder reformularlo en el lenguaje de la matemática. La idea de ciencia según Galileo, Kepler y Copérnico reduce el universo a una cifra, a una medida, a un número.

III. CONCEPCIÓN ARISTOTÉLICA O ANTIGUA DE LA CIENCIA

La concepción aristotélica de la ciencia tiene su origen, como es de suponerse, en el pensamiento de Aristóteles y va a constituirse en el fundamento del "saber racional" y verdadero en la antigüedad y el medioevo.

1. Teoría del conocimiento

Aristóteles concibe el conocimiento como el producto de dos procesos. El primero parte de la observación y, a través de la inducción, obtiene unos principios generales que enuncian las propiedades de la especie o género. El segundo, infiere, por deducción, enunciados acerca de fenómenos o hechos a partir de premisas que contenían los principios o causas explicativas. Algo que debe resalarse es que, según Aristóteles, estos principios o causas podían ser: formal, material, eficiente y final. El material, se refiere a la materia de la que está compuesta una cosa, la formal, supone la organización sistemática del conocimiento teniendo en cuenta la especie, el tipo o la clase, la eficiente o motriz, explica a los fenómenos por las causas primeras, fuente de movimiento, generación o cambio y la final, explica el fenómeno en relación con su objetivo o pleno desarrollo del individuo; de todas ellas, para Aristóteles, esta última era la de mayor importancia y no debía faltar. Es precisamente, esta apuesta por la causa final, por la explicación teleológica de los fenómenos que se estudian, lo que caracteriza esta tradición epistemológica.

El mundo de Aristóteles es un mundo con sentido en el que las cosas se mueven en busca de su lugar natural. El sentido existe por naturaleza y todo se mueve hacia él naturalmente: el crecimiento, la finalidad y el sentido se entienden como dimensiones consustanciales a la naturaleza, pues todo en ella tiene una finalidad. En esta visión "universo" indica totalidad y "cosmos", el orden hermoso y armonioso que reina en su interior. La tesis de la existencia de un cosmos, implica la aceptación de principios ordenadores en virtud del cual el conjunto de los seres reales forma un todo organizado jerárquicamente. Estas ideas son fundamentales en el esquema astronómico y físico que propone el estagirita. De la idea de cosmos, se sigue, que las cosas están o deben estar sometidas a un orden y, por consiguiente, que a cada cosa le corresponde según su naturaleza un puesto, un lugar que guía su sentido dentro del universo.

El estagirita, por ejemplo, sostuvo que el universo era una esfera semejante a una cebolla que contenía diversas esferas dentro de sí, una esfera vasta pero finita cuyo centro era la tierra y cuyo límite se encontraba en las estrellas fijas incorruptibles; más allá de éstas no existía nada, excepto el motor inmóvil, que, no moviéndose, movía todo lo demás. Según esta teoría, bajo la esfera de las estrellas fijas se encontraban los planetas, también incorruptibles y, debajo de estos, la tierra; ahora bien, envolviendo la tierra se hallaba primeramente el agua y, sucesivamente, el aire y el fuego, después venían las esferas cristalinas a las que pertenecían la Luna, Mercurio, Venus, el Sol, Marte, Júpiter y Saturno, que eran los únicos siete planetas conocidos, después se hallaban la esfera de las estrellas fijas.

2. La física y la astronomía

En la época en que vivió Aristóteles, el pensamiento físico griego admitía la existencia de dos zonas heterogéneas que estructuraban el universo: una correspondía a las "esferas supralunares o circulares", en la que reinaba la quietud, que para los griegos era el signo de perfección, orden, inmaterialidad y eternidad; otra era la de las "esferas sublunares", reino del movimiento y de la materia, por lo tanto, del desorden y la imperfección. Esta teoría fue también defendida por Aristóteles, por eso para él, el estado de reposo es el estado duradero y perfecto, que tiende a perpetuarse indefinidamente, mientras que el movimiento natural es un estado transitorio que culmina cuando alcanza su objetivo.

Si el universo se encuentra en orden, es porque cada cosa se halla en su lugar natural, esto es, en reposo. Aristóteles sostiene la existencia de un movimiento y un mundo eterno, increado y coetáneo, en el que cada cosa tiene su lugar natural: la tierra, el agua, el aire y el fuego, solo en su lugar natural un cuerpo puede considerarse en reposo (Moreau, 1972, 117 y ss.); en ese sentido, la tesis aristotélica descansa en una concepción estática del orden, que concibe el movimiento como una especie de desorden y desequilibrio en el ser, consecuencia de la violencia o como un esfuerzo del ser por recuperar su estado natural y de reposo perdido. Esta última concepción del movimiento Aristóteles le denomina movimiento natural.

Aristóteles, apoyado en la teoría de la potencia y el acto, infiere la existencia del movimiento eterno. En realidad, en la teoría aristotélica el movimiento no es un estado, sino un proceso, un flujo o devenir. La materia requiere del movimiento para poder pasar de la potencia al acto, de lo contrario es mera potencialidad, las cosas se constituyen y se realizan en y por el movimiento natural. Este razonamiento lo lleva a señalar la existencia y necesidad del movimiento circular: el movimiento rectilíneo es limitado, presupone un punto de partida y uno de llegada, el movimiento para ser eterno debe ser entonces circular.

La física griega aristotélica proponía un esquema conceptual altamente elaborado, pero desde el punto de vista cualitativo, por ello sus tesis no eran contrastables ni verificables a través de la experiencia, ni se podía formalizar a través de las matemáticas, era más bien una física construida desde el sentido común, a partir del cual, somete al dato a un procedimiento extremadamente coherente y sistemático (Aristóteles, 1975, 136) que, además, se apoyó en los siguientes supuestos: a) la tierra es el centro del universo (geocentrismo), b) la tierra es el lugar del movimiento y el lugar de la degeneración y corrupción, c) el universo es heterogéneo y d) la existencia de movimientos circulares.

Estos supuestos constituirán el punto de partida de la Astronomía de Claudio Tolomeo de Alejandría (100 -170), cuyas teorías y explicaciones astronómicas predominarán hasta el siglo XVI. En el "Almagesto", su primera gran obra, propuso una teoría geométrica que explicaba matemáticamente los movimientos y posiciones del Sol, la luna y los planetas contra un fondo de estrellas inmóviles. Tolomeo admitió, al igual que Aristóteles, que la tierra y los demás planetas, tenía forma esférica y se hallaba inmóvil en el centro del universo. Su tesis fundamental era que el Sol, la luna y los planetas giraban en pequeñas circunferencias

(Tolomeo siguió creyendo que el movimiento circular era el movimiento perfecto y correspondía a los astros) cuyos centros a su vez lo hacían alrededor de circunferencias mucho más grandes de la que la tierra era el centro. Pretendió demostrar geométricamente el movimiento circular de todos los astros en el cielo, sin embargo, las observaciones y los cálculos confirmaban algo distinto, por lo que introdujo su hipótesis de los excéntrico (según esta hipótesis, el centro del movimiento de los planetas no estaba exactamente en el centro dela tierra) y su teoría de los epiciclos, que intentaba describir la pequeña circunferencia sobre la que giran los objetos en el espacio, ahora bien, para que esta teoría funcionara se vio forzado a introducir variaciones en las matemáticas tradicionales. Confirmadas y aceptadas por Tolomeo las tesis de Aristóteles, éstas se admitieron como principios de la ciencia astronómica.

3. La ciencia y el conocimiento en el medioevo

La tradición aristotélica de la ciencia no sólo dominó el mundo intelectual antiguo, sino, también, el pensamiento medieval, que a diferencia del científico moderno (quien buscará describir y controlar el mundo para predecir el futuro y dominar la naturaleza), centro su interés en la construcción de un gran sistema de ciencia teológica, que le permitiera comprender la realidad mediante la contemplación, lo que muestra una diferencia frente a la actitud del científico moderno. La sabiduría, a la que aspiraba el hombre medieval, terminaba con una visión metafísica y teológica del mundo físico, que era algo creado que remitía a su creador, una especie de representación alegórica o simbólica del más allá.

El hombre medieval común, que no sabía leer ni escribir, explicaba el mundo apoyado no sólo en las verdades reveladas e interpretadas por las autoridades religiosas, sino, también, según las supersticiones o creencias comúnmente admitidas. (Randall, 1952, 32 y ss.). Por su parte, el hombre culto medieval, entre las que se hallaban la nobleza (que habitaba las ciudades) y el alto clero lo hacía apelando a los instrumentos de la lógica y de la razón, pero subordinados a la fe; como se infiere, si bien poseen una mentalidad teológica y teleológica, en donde Dios aparece como principio y fin de la existencia y del conocimiento humano, el hombre medieval seguía creyendo con la misma fe de los griegos en el poder explicativo de la razón.

El procedimiento lógico del pensador medieval partía siempre de una autoridad aceptada, las que en su orden eran (Combrie, 1974, 63-64):

a. La autoridad de la escritura: que conduce a preferir a ésta, frente a cualquier consideración intelectual formulada por el espíritu humano o la observación, de tal suerte que, si se produce una confrontación entre la observación y las escrituras, había que preferir a estas últimas.

b.   La autoridad de Aristóteles: que era aceptado en todo aquello que estuviera en contradicción con los dogmas cristianos, como, por ejemplo, el mundo increado y el determinismo.

c.   La autoridad de la razón natural y sus principios innatos: los que tienen su fundamento en Dios, pues no es posible oponer la razón natural a la razón divina; por tanto, razón humana y razón teológica se integran y articulan.

Al concluir la edad media, el hombre medieval tenía una visión del universo muy parecida a la que mostró Dante y Tolomeo, que había a su vez sistematizado las doctrinas griegas y aristotélicas. Según esta concepción, el universo tiene un centro que es la tierra, tres cuartos de ella estaban cubiertos por agua, en la mitad de la esfera se encontraban los continentes de Europa, Asia y África y en el centro de la tierra firme el jardín del paraíso. También tenía un conjunto de conocimientos plenamente aceptado, que se expresaban no sólo en los libros doctos, sino, también, en escritos de orden popular. En general este conocimiento se podría sistematizar de la siguiente manera:

a.   Conocimiento técnico: que permitía la manipulación muy rudimentaria de la naturaleza

b. Conocimiento filosófico: del que hacía parte la medicina, interesado por los problemas generales de la naturaleza y del mundo y que tenía como fundamento conceptual los autores griegos, latinos e islámicos.

c. Conocimiento matemático: donde se incluía a la física y la astronomía, con menos prestigio que la filosofía.

d. Conocimiento hermético o mágico: conocidas por muchos, pero practicadas por pocos.

e. Conocimiento teológico: que contenía las verdades religiosas, que se encontraba por encima de todas las formas de conocimiento y las subordinaba, el cual se expresaba en diversas fuentes (Antiguo y Nuevo testamento, sumas, tratados, concilios, etc.). No obstante, en la práctica, los límites entre un saber y otro se diluían, así, tanto la filosofía como la astronomía podían teorizar sobre los cielos, las matemáticas se relacionaban con la cábala y la magia, la filosofía con la alquimia y con la arquitectura.

IV. LA CONCEPCIÓN MODERNA O GALILEANA DE LA CIENCIA

Hasta antes del siglo XVI y XVII, fecha en que opera el giro copernicano, la actitud científica principal era la de observar y experimentar el mundo desde el sentido común, el sujeto de conocimiento era un simple espectador ingenuo que concibe al mundo como algo que preexiste al acto de conocimiento y que tiene una y solo una forma de interpretarse, con excepción de la alquimia, la astrología y el teratomorfismo. (Gonzalo, 1996, 9-26.). Mundo, verdad y experiencia inmediata se identifican. El siglo XVII, no es sólo el siglo de la revolución científica, es también el escenario de un nuevo sujeto de conocimiento: el sujeto que duda y que experimenta (Medina, y otros, 2000, 17).

1. El nuevo sujeto de conocimiento

Para el sujeto de la modernidad, no hay unidad originaria entre el conocimiento y el objeto, más bien, el mundo es algo de lo que se duda, se desconfía y se pone a distancia: de ser-en-el-mundo el hombre pasa a ser un sujeto-para-un mundo, un personaje que habita un mundo escindido y separado de sí, que ya no le brinda la seguridad ontológica de antes y del que ya no se puede derivar la verdad de su experiencia inmediata. Ahora bien, al no poder hallar en este mundo las certezas y evidencias que le proporcionen la confianza necesaria para existir, el hombre moderno se vuelve hacia sí, pues ya no va a ser más el receptor de una verdad que le es dada desde el exterior, sino el centro productor de la misma.

El individuo moderno es el punto de eclosión de la subjetividad moderna (Margot, 1995, 14), a partir de la cual se reordenará un mundo, una realidad que carece de certeza, pero ya no partiendo de un hecho fáctico: la existencia material de éste, sino de un hecho mental: su subjetividad, su conciencia, esto es, su razón. Lo anterior implica un rechazo tanto a la concepción griega de la naturaleza (physis), como a la forma de relacionarse con ella, pues ya no se aspira a la unidad originaria, la nueva mirada esconde el deseo de control sobre ella, en esto influye decisivamente el nuevo contexto, especialmente, las transformaciones que se operan en las relaciones económicas y sociales que privilegia la cultura secular, utilitaria y positiva.

El nuevo sujeto se caracteriza por su interés pragmático de dominio de la naturaleza y la actitud utilitaria que favorece la investigación científica que permitirá, posteriormente, el desarrollo de tecnologías para la incipiente industria. Bajo este nuevo modelo, se impondrá el propósito de cosificar los objetos según las necesidades y la utilidad, así como un nuevo orden del discurso científico que ya no se pregunta "por qué" ni "para qué", sino: ¿cómo?

En esta nueva visión de la ciencia, el mundo es mecánico, causalista, pragmático y funcional, una máquina al arbitrio de un Dios dotado a su vez de propiedades mecánicas (Margot, 1995, 12), por eso, el interés no está tanto en descubrir la esencia o sustancia fundante de los fenómenos que proporcionen su sentido y finalidad, como era la visión antigua y medieval, sino, más bien, en establecer su estructura, su funcionamiento y su mecánica. El científico moderno sustituye las explicaciones cualitativas de Aristóteles y el mundo griego por las enunciaciones matemáticas de Arquímedes. Explica los fenómenos a partir de abstracciones e idealizaciones: la complejidad de la realidad empírica se sintetiza en conceptos ideales.

El nuevo sujeto concibe el mundo de una manera distinta, no ya como una fusión de propiedades y poderes, guiados por una teleología, en el que hay que reconocer finalidades, sino como un flujo de sucesos, eventos o hechos sometidos a leyes. En este contexto, la labor del científico es la de reducir las propiedades y estructuras de los hechos al lenguaje matemático, por ello, el conocimiento de la realidad se sintetiza en hipótesis que relacionan acontecimientos, sucesos o eventos que deben ser verificados: la confrontación de la hipótesis con la observación y experimentación determinará el valor explicativo de la misma. Kant, en la "Crítica de la razón pura", señala que hasta antes de Galileo la ciencia partía del supuesto de que la conciencia cognoscente se mueve en torno del objeto, la actitud del científico moderno invierte estos supuestos: las cosas giran en torno al entendimiento. El científico es un juez que somete a un interrogatorio a un testigo: la realidad (Kant, 1967, 130).

2. La ciencia moderna y el lenguaje matemático

La concepción galileana de la ciencia hunde sus raíces en la tradición pitagórica-arquimédica y, fundamentalmente, platónica, que reformularon los pensadores de la revolución científica del siglo XVII, tradición que tiene como hipótesis central la idea de que el libro de la naturaleza está escrito en lenguaje matemático. Como se puede observar, la respuesta al problema del puesto de la matemática en la naturaleza, es el punto de diferenciación de la concepción antigua y medieval de la ciencia y la concepción de la ciencia moderna, discordia que Galileo desarrollará como tema central en su Diálogo "sopra i due massimi sistemi del mondo". En el que se explicitara la oposición entre el pensamiento gnoseológico aristotélico y platónico y que permite concluir que en la base de la revolución copernicana y galileana se encuentra el platonismo más puro (Koyre, 1978, 150 y ss.).

En el dialogo aludido, Galileo reflexiona sobre el derecho de la ciencia matemática a explicar la naturaleza en antítesis a la posición aristotélica fundada en el sentido común. Simplicio, el aristotélico, señala que en lo que concierne a la demostración de las cosas naturales no hay obligación de exactitudes matemáticas, a lo que Sagredo, el galileano, se opone, afirmando que eso es obvio cuando esto es imposible, pero si es posible se pregunta: ¿por qué no? La tesis aristotélica propuesta en el libro es que la naturaleza es cualitativa y vaga, por eso, no es aprehensible en la rigidez y precisión de los conceptos matemáticos. Tanto la cualidad como la forma son por naturaleza no matemática, en la materia no puede hallarse figuras geométricas exactas, el libro de la naturaleza no está escrito en ese lenguaje, por eso, no es posible elaborar una teoría matemática de la cualidad y ni siquiera del movimiento (no hay movimiento en los números).para Sagredo, esta articulación de lo cualitativo a lo físico debe ser desmontada para que pueda realizarse un nuevo amarre conceptual en donde lo físico aparece ligado al número. Más adelante Descartes y Galileo relegarán lo cualitativo al mundo subjetivo, expulsándolo del reino de lo objetivo y de la naturaleza.

3. Crisis de la física y la astronomía antigua

La "Revolución Científica" no sólo fragmenta el marco filosófico de la teología medieval, sino, además, los supuestos básicos de la física y la astronomía definidos por el modelo teórico del pensamiento Aristotélico y los supuestos teórico-epistemológico en que se fundamenta: ¿Cómo se produce ésta fragmentación?

Nicolás Copérnico (1473-1543), quien estudió medicina y derecho canónico, refuta la concepción geocéntrica aristotélico-tolemaico, al retomar las teorías heliocéntricas de Aristarco de Samos y de los pitagóricos y afirmar que la tierra gira sobre sí misma y alrededor del sol, para ello, calculó matemáticamente la posición de los planetas, demostrando la imprecisión de las tesis de Tolomeo, quien según él, había violado en sus cálculos el principio aristotélico del movimiento circular de las esferas terrestres. Copérnico, además, concluyó que no es la tierra la que está en el centro del universo, sino el Sol, en torno del cual giran los planetas, dos hipótesis sustentan esta teoría: la tierra gira diariamente sobre su eje y la tierra, al igual que la luna y los demás planetas, gira en torno al Sol. Sostuvo, contrario a lo que confirma la apariencia y los sentidos (esto es, que el Sol se mueve), que lo que gira es la tierra y, junto con ella, el aire de la atmósfera, por eso es que no se puede notar el movimiento. La razón copernicana, que es ya el asomo de la razón moderna, niega lo que parecen confirmar los sentidos. Con Copérnico aparece ya prefigurada, aunque de manera incipiente, un nuevo tipo de racionalidad, la razón científica.

Kepler (1571-1630), niega el supuesto griego de la existencia de movimientos circulares. Para él, el movimiento de los cuerpos celestes es elíptico y el sol ocupa uno de los focos de la elipse (primera ley de Kepler). Esta primera ley fue anunciada en su libro astronomía nova en 1609, en este mismo libro se encontrará enunciada su segunda ley, que afirma, que un radio vector que une al sol con un planeta barre áreas iguales en tiempos iguales a lo largo del planeta con su órbita, esto significa que, entre más cercanía exista entre un planeta y el Sol, más velocidad alcanzará en una posición fija y calculable, posteriormente, en 1619, publicó su obra Harmonices Mundi Libri V, en donde enunciará su tercera ley, según la cual, el cuadrado del período de revolución de un planeta es proporcional al cubo de su distancia.

Las leyes de Kepler serán demostradas matemáticamente por Newton, lo que contribuirá a terminarán de desmoronar la arquitectura intelectual de la física y la astronomía antigua y medieval, poniendo fin a la teoría del movimiento circular y la teoría de las esferas celestes que había sostenido Copérnico. Lo novedoso en la concepción del mundo que propone Kepler, es la idea de una realidad regida en todas su instancias y partes por leyes de orden matemático; un universo que se halla jerárquicamente estructurado con relación al Sol y armoniosamente ordenado por el creador, sin embargo, muy a pesar de la intervención divina, la creación se rige por consideraciones matemáticas y geométricas; como se ve, en la concepción del universo de Kepler se encuentran todavía presente elementos de orden teológico, articulados al nuevo pensamiento mecanicista y matemático que subyace a la racionalidad moderna.

Copérnico y Kepler pueden considerarse como las mentes de transición del mundo medieval y el mundo moderno. Por el contrario, Galileo (1564-1642) ya es el prototipo del científico moderno: anti-mágico y anti-teológico en el más alto grado, su labor está guiada por la idea arquimédica, platónica y pitagórica de reducir lo real a lo matemático y geométrico. La obra científica de Galileo es promisoria, entre otras demostraciones científicas se le suele atribuir, la tesis de la compatibilidad entre el movimiento de rotación de la tierra y los movimientos particulares de seres y objetos situados sobre ellas. Luego de haber construido su propio telescopio hizo notables revelaciones sobre la superficie de la luna y las manchas solares, así como sobre las estrellas y la vía Láctea, Júpiter y Saturno. La tesis de los cielos imperfectos, la negación de que la tierra es el centro del universo y la defensa de las tesis copernicanas fueron consideradas, en su momento, una herejía que le costaron tener que ir ante la inquisición a retractarse, impidiéndole, de paso, publicar su "Diálogo sobre los dos máximos sistemas del mundo", que tuvo que ser publicado bajo el título de: "Consideraciones y demostraciones matemáticas acerca de las dos nuevas ciencias." Sus tesis, adicionalmente, negarán la idea griega de heterogeneidad del universo, al demostrar que los planetas y las estrellas están hechas del mismo material del que está confeccionada la tierra.

Galileo es el modelo del científico moderno: polémico y crítico. De la universidad de Padua (Venecia), donde estudio, extraerá los elementos fundamentales y la originalidad de su método, aplicación de las matemáticas y del rigor lógico a los datos empíricos (Formalización). En vez de confrontar textos, se dirige a la observación directa de la realidad sensible, pero como duda de ésta, interpreta y corrige los datos obtenidos en la experiencia a través de la razón, lo que le permite enunciar las hipótesis que deben ser corroboradas por experimentos, para luego sí, formular leyes matematizadas. Galileo geometriza el universo en la medida en que identifica el espacio físico con la geometría euclidiana, esto es lo que le permite formular el concepto de movimiento que fundamenta la dinámica clásica.

Hay dos ideas básicas que subyacen a la propuesta teórica de Galileo y que replantean el esquema aristotélico:

a. La intención de suplantar la idea de un espacio cósmico cualitativo, tal y como lo concibe el estagirita, por un espacio homogéneo y abstracto según el marco establecido por la geometría euclidiana, lo que conduce a una geometrización del espacio.

b. La disolución de la idea de cosmos, que se traduce en la destrucción de la idea de un mundo finito, jerárquicamente ordenado y diferenciado, para ser sustituido por la idea de un mundo infinito y sin jerarquía. Galileo no distingue el mundo sublunar del supralunar, por el contrario, en su concepción del universo, los dos mundos pertenecen al mismo nivel del ser y están regidos por las mismas leyes.

Lo original en Galileo es que no pretende, simplemente, criticar unas ideas consideradas erróneas para sustituirlas por otra, Galileo ataca la base, el sustrato sobre el cual se erigen estas ideas, lo que pretende es destruir un mundo para sustituirlo por otro, modificar los aspectos básicos del pensamiento humano de entonces. Si las teorías de Galileo y sus seguidores operan una revolución en el espíritu de una época, es porque ellas reformular la inteligencia humana y, en ese sentido, una nueva forma de interpretar el ser, la experiencia y el conocimiento (Koyre, 1975, 154 y ss.).

4. El concepto de ciencia de Galileo

El concepto de ciencia de Galileo involucra tres elementos: la observación directa de los objetos, la elaboración de hipótesis y la experimentación.

En relación a la observación directa de los objetos, debe señalarse que mientras la observación precedente era deudora de la mentalidad aristotélica, la de Galileo se fundamentó en una concepción mecanicista del mundo, muy propia de los ideales modernos, pero, además, se caracterizó porque hizo uso de la razón, lo que le permitió no sólo el uso de las matemáticas y las nuevas técnicas, sino, también, su imaginación: la razón crítica y creadora le ayudó a construir experimentos imaginados a partir de hechos observados.

> "Galileo lo dice muy claramente. Así, al discutir el famoso ejemplo de la bola que cae de lo alto del mástil del navío en movimiento, Galileo explica largamente el principio de la relatividad física del movimiento, la diferencia entre el movimiento del cuerpo con relación a la Tierra y su movimiento con relación al navío; después, sin hacer ninguna mención de la experiencia, concluye que el movimiento de la bola con relación al navío no cambia con el movimiento de éste último. Además, cuando su adversario aristotélico, imbuido de espíritu empirista, le plantea la pregunta: '¿Ha hecho usted el experimento?', Galileo declara con orgullo: 'No, y no necesito hacerlo, y puedo afirmar sin ningún experimento que es así, pues no puede ser de otro modo'" (Koyre, 1978, 193-194 y 248)

En este hecho incidió, decisivamente, la aparición del telescopio (Asimov, 1986). La cultura griega y alejandrina construyó su saber teniendo como marco de valoración el "ojo humano", con fundamentos en este intentaron esclarecer la distinción entre lo aparente y lo real (Aristóteles, 1975, 11). El telescopio no sólo hace que se modifiquen las opiniones y las percepciones que se tienen sobre la realidad, también redefine el lugar del sujeto frente al saber y en el universo.

La elaboración de hipótesis permite la explicación de la causa de los fenómenos y hechos, a partir no de intuiciones o el sentido común, sino de elaboraciones racionales, las hipótesis son producto de la razón que se anticipa al fenómeno, si se confirman, permitirán formular una ley sobre la estructura de la realidad, con el apoyo de la matemática. Esto hace que la ciencia se convierta en conocimiento exacto que se expresa en una ley, es decir, en una relación constante y matemática que la razón descubre en la realidad. Al surgir la ley de observaciones, matemáticamente controladas, y ser formuladas en constantes numéricas, podrá tener una aplicación y predicción exactas.

Finalmente, la experimentación, que se entiende como una práctica particular, planificada y exacta, a través de la cual se confirma una ley universal en un caso concreto. El experimento implica un proceso racional de planificación: se prepara, supone una pregunta metódicamente formulada a la naturaleza en un lenguaje especial, el de la geometría y la matemática, pero no sólo se requiere saber formular la pregunta sino poder interpretar correctamente la respuesta (Koyre, 1975, 49 y 153).

V. EL PROBLEMA DEL MÉTODO

Esta transición de un modelo de ciencia a otro y su posterior consolidación, estuvo precedida de una intensa polémica de orden teórico, conceptual y filosófico. Durante muchos siglos, sobre todo en el período dominado por patrística y la escolástica medieval, se entendió que el acto de conocer se reducía a describir, a través de las definiciones, las esencias intemporales o universales que se instalaban más allá de la experiencia sensible. Este problema fue planteado por primera vez, al parecer, por el filósofo neoplatónico Porfirio, quien en su introducción a las categorías de Aristóteles se interroga acerca de sí las ideas de género, diferencia, especie, propio y accidente son "realia", esto es, realidades que tienen existencia independientemente del pensamiento o son, únicamente, categorías inmateriales y abstractas elaboradas por el intelecto cuya realidad es la de ser lenguaje, términos, "nomina". Este primitivo nominalismo, condenado por la teología católica (concilio de Soissons en 1902), subsistió bajo múltiples formas, una de ellas fue el conceptualismo de pedro Abelardo (realismo moderado), quien admitía la existencia de realidades por fuera del concepto, las cuales corresponden a la materia de las ideas. Fue Guillermo de Occan, quien, confrontando las tesis de la metafísica dogmática y conceptual de la teología medieval, afirmará que sólo existe lo individual y que la fuente de su conocimiento es la experiencia directa (empirismo). El problema con los universales fue resuelto a favor del nominalismo, teoría según la cual, como ya se dijo, existe solo lo concreto y no lo genera (Eco, 1993, 26-27).

El mundo moderno, sin embargo, conocerá otra polémica relativa al método, que presupone que la tarea cognoscitiva no puede reducirse a la elaboración de conceptos ni el conocimiento a una operación lingüística, que el nuevo estatuto del saber no está dado por la posibilidad de definir el objeto de conocimiento, sino por el procedimiento. Dos corrientes de pensamiento intentarán, en un inicio, dar solución al problema: racionalismo y empirismo, cada uno desde supuestos filosóficos distintos argumentarán sobre el mejor camino para obtener el conocimiento valido.

1. Racionalismo

La desconfianza en el mundo real, el mundo de la experiencia sensible, ha sido siempre una particularidad de los racionalistas como Platón, quien argumento infinidades de veces para mostrar como los sentidos engañan, que conducen a la mera ilusión. El éxito de la geometría y de la deducción matemática, a partir de unos axiomas indiscutidos, consolida la creencia de que es la razón y sus procedimientos los que pueden conducir al conocimiento verdadero, por eso, los racionalistas consideran que el método deductivo matemático-geométrico.

Uno de los más importantes racionalistas fue Descartes, quien parte de dos premisas: la primera sostiene que la realidad es totalmente racional, por lo que es un objeto matematizable. El mundo es "res extensa", algo que tiene extensión y, porque tiene extensión, puede ser reducido a una medida, a una cantidad matemática. La segunda afirma que no sólo existe la res extensa sino, también, la "res pensante" o razón humana, que puede identificarse con el logos griego, que todo ser humano posee y que garantiza la corrección del pensamiento. Habría que advertir que Descartes también propuso una tercera dimensión de la realidad, la res perfecta, Dios; sin embargo, se ha dicho que parece ser que esta fue una concesión a la Iglesia, en razón de la poca importancia de Dios en su sistema.

Considera que todos los individuos tienen, homogéneamente, la facultad de juzgar y distinguir lo verdadero de lo falso, que cuando alguien se equivoca se debe a una cuestión estratégica o técnica, por eso, la exigencia de hallar un método que permita dirigir la razón y buscar la verdad en las ciencias. Si se admite que la "res" es extensa, entonces, debe admitirse que la cosa es medible, que puede expresarse a través de una cantidad por la razón, en este caso, debe aceptarse que la razón es la matemática y, por ende, el método es también la matemática. Para Descartes la garantía de la verdad está dada a priori por el círculo homogéneo: extensión matematizable, pensamiento matemático, método matemático.

Con el racionalismo cartesiano se establece por una parte el predominio del intelecto y de la razón como instrumento y medida del saber y, por otra, al igual que Galileo, la geometría y la matemática como modelos epistemológicos para alcanzar la verdad. Estos rasgos metódicos son señalados en el "Discurso del método", en el que se sugiere utilizar los mismos instrumentos del geómetra para construir el conocimiento científico-filosófico y se propone extender el método analítico-sintético, denominado también resolutivo-compositivo, propio de la geometría y la matemática, a toda forma de conocimiento válido (Descartes, 1967, 51).

El método cartesiano comienza con la duda, poniendo en tela de juicio todo hasta que se halle una evidencia o idea clara; hallada la evidencia, se pasa al análisis, dividiendo cada una de los problemas en cuantas partes fuera posible, hasta llegar a las ideas evidentes, clara y distintas, posteriormente, se realiza la síntesis, que implica una recomposición ordenada y sistemática de los conocimientos y, finalmente, se hacen enumeraciones para controlar el momento analítico y se hacen revisiones para controlar las síntesis realizada.

El racionalismo de Leibniz se orientará en el mismo sentido del cartesiano; según él, la estructura general de la ciencia tiene dos partes: una es común a todas las ciencias y está constituida por verdades necesarias e indiscutibles que permiten llegar a demostraciones evidentes en todas las materias, se refiere al método, debido a que en toda ciencia es posible proceder al modo de los matemáticos. La otra, tiene que ver con las verdades de hecho que dependen de la experiencia de los sentidos y las verdades de razón.

"Las verdades primitivas que se saben por intuición, son de dos clases, como las derivadas. Forman parte del número de las verdades de razón o del de las verdades de hecho. Las verdades de razón son necesarias, y las de hecho, contingentes. Las verdades primitivas de razón son las que yo llamo con un nombre general idénticas, porque me parece que no hacen más que repetir la misma cosa sin enseñarnos nada. Son afirmativas o negativas; las afirmativas son como las siguientes: la que es, es; cada cosa es lo que es." (Leibniz, 1992, IV, Capítulo. II, 1).

2. Empirismo

A esta absolutización y supremacía de la razón se va a oponer el empirismo, que considera que el conocimiento proviene o está contenido en los hechos y que la actividad científica es una labor purificadora del dato, que se limita a analizar y reunir los hechos constatados a fin de poderlos manejar, manipular y comunicar. Bacón sostiene que la única fuente del conocimiento son los sentidos, que la naturaleza es un libro abierto que se puede leer con ellos y que la labor del científico es la de acumular observaciones con la mente libre de prejuicios y pasiones. Este último elemento garantiza la objetividad del conocimiento, por lo tanto, el camino que debe seguir el científico es el de inicialmente observar los hechos y registrarlos, absteniéndose de formular cualquier hipótesis previa a la observación, posteriormente se deben analizar y clasificar y, luego sí, a través de un procedimiento inductivo realizar las generalizaciones.

Según bacón, el procedimiento científico se inicia con una operación destructiva de los principios que permite someter los conocimientos vulgares a crítica, a fin de tomar conciencia de los errores y de las fuentes de errores que están en el inicio del conocimiento. La mente, a juicio de él, está llena de ídolos que tienen diversa fuentes: a) la limitación de la naturaleza humana, especialmente de los sentidos y del espíritu (la tendencia a poner orden y uniformidad en las cosas que se cree se halla en las cosas mismas), b) en el hecho de que el fenómeno es observado por el sujeto según su propia experiencias y vivencias, lo que hace que en ocasiones se tengan preferencias no claras, c) los prejuicios sociales y la estructura de la lengua, d) la cultura y los sistemas que se conocen.

Hume igualmente sostuvo el principio experimental como criterio esencial del saber; sin embargo, niega que a través de la inducción se pueda establecer generalizaciones, Según él no existe nada en un objeto que permita extraer una conclusión que vaya más allá de ese objeto. Popper afirma que Hume acertó frente al problema lógico de la inducción, al rechazar como justificación racional del conocimiento valido las llamadas inferencias inductivas, esto es, que de un número de casos observados repetidamente se puedan concluir (predictiva o retrodictivamente) casos aún no observados. Sin embargo, discrepa con Hume, en la forma en que éste interpreta el problema psicológico de la inducción, pues este afirmaba que, si bien existe una imposibilidad lógica inductiva, las personas razonables esperan y creen que los casos no observados se ajustarán a los casos observados por ellos, debido a la costumbre o el hábito que se halla gobernado por el irracional e irresistible "poder de la ley de asociación" (Popper, 1953-1974, 114 – 130).

3. Criticismo

Ni la razón ni la experiencia son criterios suficientes que permitan determinar la verdad de una proposición o una teoría científica: así lo afirmará Kant, quien, si bien reconoce la procedencia empírica del conocimiento, señala la existencia de ideas o conceptos que no provienen de la experiencia o, lo que es lo mismo, de ninguna realidad observable; el conocimiento empírico presupone la teoría (Kant, 1967, 147). Para Kant, las ideas, sin la intuición están vacías y las experiencias sin los conceptos están ciegas. El mundo tal y como se percibe y se conoce es discontinuo y fragmentado, es la razón la que lo organiza y lo hace comprensible al entendimiento humano. La propuesta kantiana redefine el lugar del sujeto cognoscente frente al objeto y la producción del saber; el sujeto es cocreador del objeto, el él quien impone sus leyes, sus teorías y conceptos: la naturaleza no revela nada a menos que se le interrogue. (Kant, 1967, 130). El criticismo kantiano va a concebir la ciencia moderna (cuyo modelo ideal es la mecánica moderna de Galileo, Copérnico y newton) como una síntesis entre la sensibilidad o intuición y el concepto (Carrillo, 2000, 130-131).

El objetivo que guía a Kant, cuando escribe su "Crítica de la razón pura", es determinar no solo las condiciones de posibilidad, sino, también, los límites y validez del conocimiento objetivo de la ciencia, el cual va a servir de modelo para llevar a cabo la crítica a la metafísica. Su tesis es que el conocimiento de los objetos está determinado por la forma de la sensibilidad en que estos son experimentados espacio-temporalmente. La forma en que es dado el objeto al sujeto es como fenómeno, sin embargo, estos son caóticos y discontinuos, por eso es necesario ordenarlos y clasificarlos, teniendo en cuenta sus cualidades específicas o materiales y las relaciones que se establezcan entre ellos: causa-efecto, sustancia-accidente, acción y reacción; o sus posibilidades de existencia: objetos posibles, reales, necesarios.

Kant denomina trascendental a "todo conocimiento que se ocupa, no tanto de los objetos, cuanto el modo de conocerlos, en cuanto que tal modo ha de ser posible a priori" (Kant, Op. Cit. Pág. 58); dicho esto, el aporte más significativo de su análisis trascendental sobre la fundamentación de la ciencia moderna, se halla en la reformulación del principio de causalidad, que se convierte a partir de él en el fundamento de toda experiencia posible de construcción de la ciencia. Kant ve el mundo de la ciencia con los ojos de la física moderna y la tradición galileana. La naturaleza es el lugar de la legalidad, de la interdependencia y del orden de los sucesos y la causalidad permite explicar de manera coherente y completa, conforme a leyes y la matemática (que es la quintaesencia de la ciencia) los fenómenos del universo.

VI. NACIMIENTO DE LAS CIENCIAS SOCIALES Y LA EPISTEMOLOGÍA

Si el siglo XVII creo la atmósfera espiritual y material para el surgimiento de la ciencia moderna, bajo el modelo de las ciencias naturales, el ambiente propicio para el surgimiento de las ciencias humanas y sociales surge de las realidades que sobrevienen como consecuencia de las revoluciones burguesas de finales del siglo XVIII, las cuales conducen a profundas transformaciones sociales, políticas y económicas en el siglo XIX. Este nuevo contexto muestra un mundo complejo, caótico y problemático, en el que los saberes existentes son insuficientes para explicar la realidad humana, social y cultural, que no era ni clara ni estaba dada definitivamente al sujeto. La búsqueda de un conocimiento cierto, riguroso y objetivo, exige la elaboración de un nuevo modelo metodológico que permita entender (en el nivel teórico) y organizar (en el nivel práctico) este nuevo saber, que tiene como objeto de estudio al hombre y a la sociedad, el cual reclama, de paso, un estatuto de cientificidad y validez.

En el siglo XIX existe una ciencia natural que englobaba la física, la química y la biología con un estatus epistemológico definido y soportado sobre la idea de la ciencia moderna, a lo que se le suma, un nuevo orden del saber sobre lo humano con pretensiones científicas. La discusión epistemológica orientada a determinar el estatuto de cientificidad de este nuevo saber originara una discusión interminable.

1. positivismo

La primera respuesta en relación al estatuto de cientificidad y de verdad de las ciencias sociales y humanas provino de la filosofía positivista del siglo XIX. Entre otros pensadores se pueden citar a Augusto Comte, H. Spencer y J. Stuart Mill, quienes a pesar de sus diferencias compartían las tesis centrales del positivismo, que quiso reducir el conocimiento valido y verdadero al conocimiento científico, ello es al conocimiento que surgía luego de aplicarles a un conjunto de hipótesis los procedimientos establecidos por el método científico.

En el año de 1844, Augusto Comte publicó el "Discurso sobre el espíritu positivo", que sirvió de introducción a un "Tratado filosófico de astronomía popular", que es una obra posterior a su "Curso de filosofía positiva". Según Comte, el pensamiento está sometido a una ley de evolución que se concreta en tres estadios por los que ha arrevesado la humanidad para llegar a la plenitud de su desarrollo: el teológico, el metafísico y el positivo. En el teológico, el pensamiento pasa, a su vez, por unas etapas: fetichista, politeísta y monoteísta, y muestra predilección por los temas insolubles y abstrusos (Comte, 1980, 18). En el metafísico intenta explicar conforme a la naturaleza íntima de los seres, el origen y el destino de todas las cosas y fenómenos, pero en lugar de emplear agentes sobrenaturales hace uso de entidades o abstracciones; es un estadio intermedio, de preparación en donde no domina la imaginación, pero tampoco la observación (Comte, 1980, 24). En el estadio positivo, el pensamiento se orienta por la observación y la explicación de la realidad, por las relaciones o conexiones necesarias que se establecen entre los hechos positivos.

El positivismo filosófico parte de los siguientes presupuestos:

a. Ontológico: concibe el mundo no ya como un sistema racional de esencias inmutables y metafísicas, sino como un conjunto de fenómenos, hechos o acontecimientos: un dato o conjunto de datos que se constituye en el único objeto posible de experiencia. La realidad está totalmente hecha, acabada, externa y objetiva frente al sujeto cognoscente.

b. Lógico: este conjunto de fenómenos y acontecimientos que pueblan el mundo real están sometidos al principio lógico de causalidad, lo que implica, que la realidad está sometida al dominio de las relaciones causa-efecto permanente y constante; para esta concepción de la ciencia el conocimiento valido universalmente no es el de la esencia o el ser de los fenómenos sino el de sus conexiones causales, tal y como lo exigía la tradición galileana. Este principio lógico de causalidades el criterio de demarcación entre lo cognoscible y lo incognoscible. Las ciencias que tienen por objeto de estudio al hombre como ser social no deben preguntarse el qué, si no el porqué y el cómo se comportan los fenómenos sociales.

c. Metodológico: el del cientificismo naturalista que surge a principios del renacimiento y que establece como criterio de validez de todo saber la exactitud y la seguridad de las ciencias físico-matemática, Para ello era necesario acoger como modelo racional de conocimiento el método inductivo de las ciencias naturales, el que permite establecer leyes generales hipotéticas o regularidades a partir de la constatación de hechos singulares. Este monismo metodológico, va a permitir, no obstante abordar hechos, fenómenos y objetos diversos la unidad de método y la homogeneidad doctrinal.

2. Neokantismo

Frente a esta primera propuesta se fue gestando, en el ambiente intelectual alemán, una tendencia contraria, el neokantismo, de la que fueron exponentes filósofos, historiadores e investigadores, entre los que se pueden señalar a Droysen, Dilthey, Max Weber, Windelband y Rickert. La tesis fundamental de estos pensadores distinguía entre explicar (Erklären) que es propio de la ciencia natural, el comprender (Verstehen) que se da en las ciencias históricas y el conocer (Erkennen) de la filosofía. A partir de esa distinción, utilizada por primera vez por Droysen, el término Verstehen fundamenta la metodología que orienta el estudio en las ciencias humanas.

El concepto de comprensión (Verstehen), es cierto, no muestra uniformidad y varía según el autor. En un principio tuvo un matiz psicológico, ligada a la empatía (Einfühlung), dado que se consideraba que dicho proceso, la comprensión, conduce a una identificación afectiva y mental con el objeto de estudio, pero esta posición fue posteriormente abandonada.

Dilthey, en su caso, opone razón físico-matemática a razón histórica, enfatizando, más bien, que lo que hay la correspondencia o identificación que existe entre investigador y realidad, por cuanto los dos pertenecen al mismo universo histórico y cultural, en este caso, lo que se resaltar de la comprensión es la identificación que se da entre el sujeto y el objeto, entre el investigador y su mundo histórico y social, por ello, concluye, que la comprensión se hace desde dentro de los fenómenos.

Afirma, que de la realidad se tienen experiencias internas y externas, estas últimas, que se identifican como experiencias sensibles, permiten construir el conocimiento de las ciencias de la naturaleza, mientras que las experiencias internas no necesitan de los sentidos (Dilthey, 1986, 48). El planteamiento de Dilthey no debe entenderse en el sentido de que hay una separación tajante entre naturaleza y espíritu, según él, hay más bien una relación de continuidad y complementariedad. El hombre actúa con arreglo a finalidades, en forma libre y voluntaria, pero no puede a pesar de ello marginarse de las leyes naturales, es imposible alcanzar fines naturalmente imposibles, estas tesis permiten a Dilthey inferir que el hombre es vida psicofísica (Dilthey, 1986, 51).

Windelband, (Historia y ciencia natural. 1894) distingue entre fenómenos repetidos en forma regular y uniforme y fenómenos singulares e irrepetibles. Las ciencias naturales tratan de formular leyes mediante la abstracción de generalidades de los fenómenos, a esta las denomina nomotéticas. Las ciencias del espíritu, dentro de las que se hallan la ciencia histórica, pretenden "comprender" los hechos singulares irrepetibles, en su peculiaridad e individualidad, a estas las denomina ideográficas.

Rickert, (Ciencia cultural y ciencia natural 1899) distingue, igualmente, entre las ciencias naturales, que emplean un método generalizador con el propósito de formular leyes generales y las ciencias de la cultura (a las que no identifica con las ciencias del espíritu) que tienen como objeto de estudio las realidades particulares o singularidades y que no buscan formular ese tipo de enunciados (Rickert, 1965, 38 –39 y 41-42), los primeros pueden describirse, no así los segundos, pues en esta las valoraciones están presentes.

Este fue uno de sus aciertos, pues permitió llevar a cabo una fundamentación de las ciencias de la cultura sobre la noción de valor, que sirve de categoría pura para la comprensión de la cultura. Rickert afirma, que la naturaleza se identifica con lo nacido por sí, oriundo de sí y entregado a su propio crecimiento, la cultura, en cambio, es producida por el hombre teniendo en cuenta ciertos fines y valores, la cultura aparece como lo cultivado intencionalmente por el hombre en atención a los valores que en el residen (Rickert, 1965, 46).

Entre la multitud de objetos individuales, el investigador se fija en aquellos que encarnan valores universales o están en relación con estos, luego distingue aquellos rasgos significativos para el desarrollo de la cultura que determinan la individualidad histórica (Rickert,

Weber, retoma la idea de que las ciencias culturales estudian objetos que representan una relación de valor, esto es, una "significacitividad", que es ajena a los objetos de las ciencias naturales (Weber, 1986, 48). Weber aceptó la distinción entre el método generalizante y el individualizador, pero negó que la individualidad del objeto histórico pertenezca a la sustancia del objeto que se investiga, más bien, es el resultado de la elección que realiza el investigador cuando aísla el objeto de los que no son considerados significativos.

Para Weber, la tarea de la ciencia es decir la verdad, describir y explicar, labor que no es ajena a las ciencias histórico-sociales, cuya finalidad debe ser la de describir y explicar configuraciones históricas individuales: cuantificar y medir no es un objetivo de la ciencia sino meros instrumentos en la construcción de la verdad. Las ciencias histórico-sociales, al igual que las ciencias naturales, deben producir explicaciones causales (Weber, 1986, 52), que son a su vez, explicaciones fragmentarias y parciales, finitas, de una realidad infinita.

En el pensamiento de Weber se encuentran huellas del pensamiento kantiano, una de esas huellas hace referencia a los límites del conocimiento cuya condición primera es su finitud, frente a un universo infinito (Weber, 1986, 42 y 50). No se pueden estudiar todos los aspectos, sino algunos fenómenos o hechos del universo, para ello se necesita llevar a cabo una selección, esta selección, al igual que lo propuso Rickert se efectúa haciendo referencia a valores.

Al finalizar el siglo XIX estas dos tendencias se mantenía en sus posiciones. Por una parte, Durkhein instalado en la tradición positivista, para quien la sociología- en ese entonces paradigma de la investigación social-, debía partir de los hechos observables y medibles y M. Weber en la defensa de la sociología comprensiva.

"Y sin embargo los fenómenos sociales son cosas y deben ser tratados como tales (...) En efecto, es cosa todo lo que está dado, todo lo que se ofrece, o más bien se impone a la observación. Tratar los fenómenos como cosas, es tratarlos en calidad de data que constituyen el punto de partida de la ciencia. (...) es posible que la vida social no sea más que el desarrollo de ciertas ideas; pero aun suponiendo que esto último sea válido, estas ideas no están dadas inmediatamente, sino sólo a través de la realidad fenomenal que las expresa. (...) Por consiguiente debemos considerar los fenómenos sociales en sí mismo, separados de los sujetos conscientes que se los representan; es necesario estudiarlos desde afuera, como a cosas exteriores pues con este carácter se presentan a nosotros." (Durkheim, 1979, 51.)

VII. NEOPOSITIVISMO Y FALSACIONISMO

E l marco epistemológico del siglo XX se iniciará con el resurgimiento del positivismo bajo la forma del positivismo lógico, cuyos autores negaron la validez científica de los enunciados que no podía someterse a la lógica formal y a la verificación empírica, la que exige un estado de cosas objetivos que pueda ser sometido al proceso de observación directa y experimentación. Las críticas al positivismo lógico y al criterio de demarcación de lo científico frente a lo metafísico, señalarán las debilidades y paradojas implícitas en estos planteamientos y constituirán el marco de discusión de la epistemología posterior.

1. Neopositivismo

Los pensadores del positivismo lógico se ocuparon de asuntos inherentes a los supuestos epistemológicos de las ciencias naturales y de la matemática, excepto O. Neurath quien intentó llevar a cabo una fundamentación de la sociología, negando las posibilidades metodológicas de la comprensión (Verstehen). Esta tendencia compartida entre otros por Beltrán Russell, el primer Wittgenstein y el neopositivismo del Circulo de Viena.

Bertrand Russell, (1872-1970) fue un filósofo y matemático británico, en 1903 escribió "Los principios de la matemática", en donde pretende trasladar el esquema matemático a la lógica filosófica para dotar a esta de un marco de cientificidad. Russell contribuyó de forma definitiva al desarrollo del positivismo lógico. Wittgenstein, fue alumno suyo en Cambridge, recibió su influencia en sus primeros estudios filosóficos y, en especial, de su teoría del atomismo lógico. Influyó decisivamente en el resurgir del empirismo dentro del campo más amplio de la epistemología. En "Nuestro conocimiento del mundo externo" y en "Investigación sobre el significado y la verdad", pretendió explicar todo el conocimiento objetivo como producto de las experiencias inmediatas.

Ludwig Wittgenstein (1889-1951), fue un filósofo austriaco quien posteriormente se nacionalizó británico, es reconocido por su aporte a lo que se ha denominado la filosofía analítica. En 1921 escribió el Tractatus lógico-philosophicus, obra que pensaba resolvería definitivamente todos los problemas filosóficos, sin embargo, en 1953 sé pública, en forma póstuma sus Investigaciones filosóficas" en donde desarrolla tesis diferentes a las propuestas en el Tractatus. Cada uno de estos libros señala en él un período, el del Tractatus se le conoce como el del primer Wittgenstein. Otras obras de Wittgenstein, todas publicadas después de su muerte, son: Observaciones sobre los fundamentos de la matemática, (1956) Los cuadernos azul y marrón, (1957) Diario filosófico (1914-1916) y Gramática filosófica. (1969). Se resalta de Wittgenstein que a pesar de todo a lo largo de toda su vida concibió a la filosofía como un análisis conceptual y lingüístico. Más adelante acuñará su noción de juegos de lenguaje. Según Wittgenstein las palabras se asemejan a las herramientas debido a que cumplen diversas funciones, unas proposiciones pueden ser utilizadas para representar hechos, otras para ordenar, interrogar, orar, agradecer, maldecir, y así sucesivamente. Este reconocimiento de la pluralidad y flexibilidad lingüísticas es el que permitió a Wittgenstein proponer su teoría del juego del lenguaje según la cual se puede afirmar que la gente interpreta diferentes juegos de lenguaje. El científico, por ejemplo, está inmerso en un juego lingüístico diferente del abogado. Por consiguiente, el significado de una proposición ha de ser comprendida según el contexto que define las reglas del juego del cual esa proposición es una parte.

El circulo de Viena sostiene que el conocimiento científico es aquel que proviene del análisis que conjuga la teoría lógico-matemática y la verificación empírica, de allí se explica que Rudolf Carnap, quizás el pensador más representativo de este movimiento, considerara que su tarea era la de reconstruir racionalmente todos los enunciados de la ciencia unitaria y universal, pues la filosofía tiene como misión principal el análisis lógico de los enunciados empíricos significativos contenidos en el lenguaje de la ciencia; su finalidad por tanto, era la de hallar un lenguaje científico universal nuevo, neutro y univoco, sin antecedente histórico.

El positivismo lógico sostiene que el término ciencia es ambiguo, por cuanto con él se puede significar tanto la actividad que permite producir conocimiento como el resultado de ese proceso, este último aspecto es el que constituye el campo de su análisis, esto es, el conjunto de proposiciones en donde reposa el conocimiento científico. En ese sentido, el empirismo lógico se interesa por lo que se denomina el contexto de justificación: "la validez de los enunciados de la ciencia", el empirismo del siglo XIX, por el origen del conocimiento o el contexto de descubrimiento. El problema según el neoempirismo no es lo que se puede conocer (el descubrimiento), sino lo que se puede decir (el resultado), por eso, sostiene que la ciencia es un conjunto de enunciados significativos y un enunciado es significativo si y solo si es verificable. El positivismo o empirismo lógico utilizó esta tesis para afirmar la imposibilidad de la metafísica: los enunciados metafísicos no constituyen enunciados significativos, verificables, por tanto, se deben excluir del sistema de pensamiento racional las proposiciones alusivas a los valores y a la ideología, por irracionales y ahistóricas.

La verificación, según esta postura, se lleva a cabo a través de un proceso lógico de inducción que permite llevar a cabo generalizaciones y cuyos pasos serían:

a.   Delimitación del problema.
b.   Formulación de la hipótesis principal.
c.   Contrastación (experimentación) de la hipótesis principal mediante hipótesis auxiliares.
d.   Formulación de la ley general o teoría

> (conocimiento científico cierto y absoluto)
> mediante una inferencia inductiva.

e. Aplicación de la teoría a situaciones problemáticas.

El primer positivismo perseguía el saber absoluto, el neopositivismo la formalización absoluta, un sistema de enunciados exactos y precisos en donde no aparece la ambigüedad, la vaguedad y en donde cada signo representa unívocamente la realidad. Solo un sistema de enunciados como este puede ser verificado y, por tanto, puede ser portador de conocimiento científico. Sin embargo, esta tesis encierra una paradoja insuperable debido a que la construcción de un lenguaje científico universal, trasparente y unívoco, que permitiría el establecimiento de un sistema de signos formalizado, debería estar desligado del lenguaje ordinario que tiene por naturaleza una textura abierta (Ambiguo y vago), pero es todo lo contrario, depende en gran medida del lenguaje cotidiano, lo que presupondría que ese lenguaje científico no es independiente de un saber cotidiano previo.

Los detractores del positivismo advertirán las paradojas que encarnan enunciados como: "la totalidad de las proposiciones verdaderas pertenecen a las ciencias naturales", porque si ello es así, esta proposición encarnaría una contradicción, dado que ella misma, al no pertenecer a las ciencias naturales, no sería verificable empíricamente y, por tanto, sería según los postulados del positivismo un enunciado absurdo y metafísico.

2. Falsacionismo

Una de las críticas más mordaces al positivismo y al neoempirismo la llevó a acabo Karl Popper, quien sostuvo que el criterio de verificabilidad, no sólo acaba con los enunciados metafísicos, sino, también, con las proposiciones de la ciencia natural debido a que la mayoría de sus hipótesis no son verificables, lo que conduciría a rechazar por absurdas las mayorías de enunciados de ella. En 1936 publica la "Lógica de la investigación científica", en la que expone lo que considera es el criterio de demarcación de lo científico de lo que no lo es. Según este criterio una teoría es científica si existen posibles observaciones que permitan falsar o refutar una afirmación o una hipótesis, no verificarla (Popper, 1996, 39-40).

La verificación presupone a la inducción como principio lógico corroboración de la verdad en el proceso de investigación científica, pero ya Humé había señalado que la inducción no puede fundar válidamente el conocimiento científico. Según Popper, el criterio de demarcación propuesto por la lógica inductiva presupone que todos los enunciados de la ciencia empírica o, lo que es lo mismo, todos los enunciados con sentido, deben ser decididos de forma concluyente en su verdad o falsedad, lo que implica, que deben tener tal forma que permita verificarlos o falsarlos (Popper, 1996, 39); sin embargo, como ya se ha señalado, la pretensión de verificar todas las proposiciones conduce a la extinción de la ciencia, porque dada la hipótesis científica más sencilla como sería: "x elemento es conductor de electricidad", exigiría ser comprobada en todo el universo y eso es imposible, por eso, la fundamentación de las ciencias sobre el método inductivo, acarrea una construcción ilógica de esta, de lo que se sigue, que si se quiere hacer una fundamentación lógica de la ciencia, esta debe apoyarse en la deducción, esta debe ser "deductivista", en su justificación, para poder ser considerada como una construcción racional.

En el ensayo "El problema de la inducción", Popper reafirma la imposibilidad lógica de una inferencia inductiva, sea que se considere en sí misma o sea que se asuma como lógica de la investigación científica, así mismo, sostiene que el origen del problema lógico de la inducción se debe a la existencia de tres argumentos enfrentados a saber (Popper, 1953/1970, 116):

a.   El primero dictamina que es imposible justificar una ley mediante la observación o experimentación (Hume), en la medida en que esta "trasciende la experimentación".

b.   El segundo asevera que la ciencia propone y utiliza leyes "por todas partes y todo el tiempo".

c.   El tercero señala que la observación y la experimentación son los criterios que permiten establecer la aceptación o rechazo de los enunciados científicos, en donde deben incluirse las leyes y teorías.

La única manera, según Popper, de superar esta situación es considerar que la oposición entre los argumentos expresados en "a" y en "c" es sólo aparente, lo que sólo es posible si se supone que, cuando se afirma que una ley o una teoría es científica, se está haciendo un reconocimiento tentativa, meramente conjetural; cuando se acepta que toda ley o teoría científica sigue siendo una hipótesis tentativa (hipoteticismos) que puede ser refutada, falsada y, por lo mismo, desconocida, frente a una nueva evidencia. Como se infiere de lo anterior, Popper avala el principio del empirismo, por considerar que es la observación y la experimentación las que deciden la aceptación o rechazo de una teoría, dependiendo del resultado de las pruebas, lo que no quiere decir que aquella se infiera de la evidencia empírica, pues de esta solo se puede inferir la falsedad de una teoría, advirtiendo que, en todo caso, esta inferencia no es inductiva sino deductiva (Popper, 1953/1970, 115).

Según esto, la expresión "todo A es B", no tiene como juicio contradictorio "ningún A es B", sino "algún A no es B". Este último enunciado sería el que realmente refuta al primero, desde el punto de vista lógico; así las cosas, la tarea del científico no sería confirmar la proposición "todo A es B" sino, más bien, intentar encontrar un caso anómalo, un caso que no confirme el enunciado de la ley, un caso que lo falsee o lo refute ("algún A no es B); si se encuentra ese caso, la teoría no es cierta, de lo contrario, es posible que la teoría sea cierta, pero, nunca se podrá estar seguro de ello.

Como corolario se puede afirmar lo siguiente: de la comprobación de un enunciado o frase singular se puede seguir la negación de una frase o enunciado general, pero no la afirmación de una frase general.

Sostiene Popper, que el principio de inducción se vuelve innecesario si se admite la falibilidad del conocimiento humano, cuando se acepta el carácter conjetural del mismo, si se admite que la ciencia no es acumulación de verdades demostradas, sino, más bien, una labor de corrección, de refutación de hipótesis existente a través de la crítica y del "método de prueba y eliminación del error". (Popper, 1953/1970, 117). Reconocer el carácter conjetural de un sistema científico, implica que tal sistema no puede ser seleccionado de una vez y para siempre, porque se ha confirmado, sino que es susceptible de ser seleccionado de una forma negativa, porque aún las contrastaciones y las pruebas empíricas no lo han falseado, en este sentido, la ciencia debe ser vista como un conjunto de enunciados creativos, de esbozos arbitrarios y osados que sólo tienen un valor provisional o conjetural, mientras no sean refutados o falseados.

La teoría de la falsabilidad, por una parte, derrumba la imagen de la ciencia como un saber seguro, exacto y cierto, que se encuentra en posesión de la verdad, para convertirla en un conocimiento conjetural, provisional e hipotético, en una actividad que si bien está en búsqueda de la certeza, la objetividad y la verdad, nunca se encuentra en dominio de esta; por otra parte, esta teoría, conduce a la sustitución del procedimiento inductivo, por el deductivo, y de la verificación como criterio de demarcación, por el de la falsificación.

Según esta teoría, el método, tanto de las ciencias naturales como el de la ciencia social, será el de la prueba y el ensayo de solución, el cual consiste en ensayar posibles soluciones, para los problemas de la naturaleza o de la sociedad, a través de la crítica o el intento de refutación. El procedimiento consiste en proponer y criticar las soluciones, si el ensayo de solución no supera la crítica objetiva, debe ser excluido por no tener el carácter de científico, lo contrario, si resiste la crítica se acepta provisionalmente para seguir criticándolo. La objetividad de la ciencia vendría dada por la objetividad del método del ensayo y el error o el método crítico. En "La Lógica de la Ciencia sociales" (1973, 101-119) Popper propuso varias tesis que guiarían la investigación en las ciencias sociales de las cuales se señalarán algunas relevantes para los fines teóricos de este ensayo y en razón de la importancia que las mismas revisten para la discusión de la cientificidad de los saberes.

a. Primera tesis: reconoce que se sabe gran cantidad de cosas que tienen una gran importancia práctica para el individuo, lo cual permiten reconocer el profundo conocimiento teorético que se posee y la asombrosa comprensión del mundo que procuran.

b. Segunda tesis: afirma que se sabe que no se sabe nada, la ignorancia de los hombres es ilimitada y decepcionante. la constatación del progreso ilimitado de las ciencias de la naturaleza (a la que alude la primera tesis), permite corroborar, al mismo tiempo la ignorancia en el propio campo de la naturaleza, porque la solución de un problema genera nuevos problemas y pone en evidencia que el suelo firme y seguro, donde se creía estar, es en realidad inseguro y vacilante.

c. Tercera tesis: sostiene que la lógica del conocimiento tiene su origen en la tensión que existe entre un conocimiento asombroso y en constante crecimiento (conocimiento) y la convicción, cada vez más creciente, de que en realidad no se sabe nada (Ignorancia).

d. Cuarta tesis: señala que el conocimiento no comienza con la percepción, observación de hechos o recopilación de datos sino con problemas. No se puede hablar de conocimiento sin problemas ni de problemas sin conocimiento, porque el problema surge de la tensión entre el conocimiento y la ignorancia, entre el saber y el no saber, que desde la lógica se ve como una contradicción entre los conocimientos (presupuestos) y los hechos (supuestos). El punto de partida es siempre el problema, la observación lo que hace es develar un problema cuando señala algo en el conocimiento que no está del todo en orden: las observaciones entonces conducen a problemas (esta afirmación la hace Popper en la tesis quinta, pero por considerar que involucra ideas similares se ha ubicado en esta tesis).

e. Quinta tesis: observa que las ciencias sociales presentan similitudes en muchos aspectos con las otras ciencias, especialmente, en lo relativo a los problemas tratados, que no siempre son de naturaleza teorética sino prácticos, como pueden ser el analfabetismo o la pobreza, sin embargo, estas cuestiones "prácticas" conducen a teorizaciones, lo que permiten que se formulen problemas teóricos, en ese sentido, no es la prioridad de lo teórico o lo práctico lo relevante para las ciencias sociales o naturales, lo que da valor o falta de valor al conocimiento y al científico son el carácter y la cualidad de los problemas, conjuntamente con la audacia y singularidad de la solución que se propone.

f. Sexta tesis (tesis principal): establece que el método de las ciencias sociales es el método del ensayo y del error. Al igual que la ciencia de la naturaleza el método consiste en ensayar posibles soluciones para sus problemas, que se critican y permiten proponen nuevas soluciones: si estas no son accesibles a la crítica objetiva se excluyen, si permite la crítica se intenta refutarlas. Si un ensayo de solución es refutado por la crítica, se busca otro, si resiste la crítica, se acepta provisionalmente para seguir siendo criticado.

g. Séptima tesis: muestra que la tensión entre el conocimiento y la ignorancia no es superada jamás, dado que el conocimiento consiste en ser meras tentativas o conjeturas, en hipótesis provisionales de solución cuya justificación se encuentra en la crítica objetiva o en que parezca haber resistido los ensayos de solución. En esta tesis se critica al cientificismo naturalista que, en forma equivocada, exige que las ciencias sociales copien el método científico de las ciencias de la naturaleza. (se ha omitido deliberadamente la tesis octava, novena y decimal)

h. Undécima, duodécima y treceava tesis: argumenta que es erróneo decir que la objetividad de la ciencia depende de la objetividad del científico o que el científico de la naturaleza es más objetivo que el científico social; el científico de la naturaleza es tan partidista como los demás hombres, en especial, de sus ideas. La objetividad científica radica, única y exclusivamente, en la tradición crítica que permite refutar un dogma dominante, lo cual no depende de un individuo, sino de la comunidad científica, pues es un asunto social que tiene que ver con la crítica recíproca y la división del trabajo. Afirma, además, que no se puede privar al científico de su partidismo sin privarle de su humanidad y, por eso, tampoco se puede destruir sus valoraciones sin destruirlo como hombre y como científico. Las motivaciones e ideales científicos, como es el ideal de la pura búsqueda de la verdad, tienen su génesis en valoraciones extracientíficas, pero el científico objetivo y libre de valores no es el científico ideal. Sin pasión la cosa no marcha, ni siquiera en la ciencia pura. La expresión 'amor a la verdad' no es una simple metáfora.

i.   Decimocuarta tesis: considera que, en la discusión crítica, hay que distinguir los problemas relativos a la verdad de una afirmación, de los asuntos extracientíficos, como pueden ser los intereses que surgen de la realidad social, económica o política, cuestiones que afectan a la investigación que se desarrolla en las ciencias naturales como en las ciencias sociales. Lo que confiere a la ciencia su carácter peculiar no es la eliminación de los intereses extracientíficos, sino la exclusión de aquellos que no son adecuados a la búsqueda de la verdad y su distinción de aquellos puramente científico. Señala, además, que existen valores (positivos y negativos) puramente científico y valores (positivos y negativos) extracientíficos, los cuales no siempre es posible mantener separados, por eso, excluir estos últimos, es uno de los afanes de la discusión crítica. Finalmente, señala que son valores científicos importantes la relevancia, el interés y significado de una situación en orden a un contexto problemático, al igual que la riqueza de resultados, la fuerza explicativa, la sencillez y la exactitud.

j. Decimoctava tesis: propone que siendo la lógica deductiva (teoría de la validez del razonamiento lógico o de la inferencia lógica) el instrumento de la crítica, se debe convertir en la teoría de la crítica racional. Las teorías son sistemas deductivos que pretenden ser un ensayo de explicación y de solución de un problema científico y por ello puede ser sometida a la crítica racional en lo que toca a sus consecuencias, son en ese sentido, ensayos de solución sometidos a crítica racional.

En resumidas cuentas, la teoría falsacionista no admite la inducción como criterio de demarcación por lo siguiente:

a. Imposibilidad de inducir verdades universales de la confirmación de proposiciones singulares.

b. Imposibilidad de contrastar o verificar las teorías generales.

c. Imposibilidad de tener un conocimiento seguro y cierto dado definitivamente al sujeto que conoce

d. Imposibilidad de una objetividad absoluta y ahistórica.

Con fundamento en lo anterior, Popper formula el método hipotético-deductivo que se orienta por los siguientes pasos:

a. Reconocimiento de la tensión entre conocimiento e ignorancia.

b. Establecimiento de un problema

c. Experimento o propuesta de solución del problema

con el propósito de encontrar una hipótesis anómala que demuestre el error o su falsedad; si esto se produce, quiere decir que la teoría ha sido refutada, de lo contrario, se acepta provisionalmente como una hipótesis.

d.   Establecimiento de la teoría científica como un conocimiento provisional, que siendo falsable o refutable no lo ha sido aún.

VIII. CRISIS DE LA FÍSICA Y DEL CONCEPTO DE EXPERIENCIA EN EL SIGLO XX

E l positivismo filosófico presupone que fuera del individuo hay una realidad totalmente hecha, acabada, externa y objetiva que se refleja, al igual que en un espejo, en la mente; la objetividad y la verdad estarían garantizada por la equivalencia del contenido del intelecto con la realidad exterior, esta tesis, aunada a la necesidad de verificación o contrastación de las proposiciones o enunciados en la experiencia y la observación, serían las ideas centrales del positivismo. Sin embargo, la revolución que se opera en los supuestos y los conceptos fundamentales de la física en el siglo XX, conducirá, por una parte, a que estas exigencias epistemológicas no puedan ser sostenibles ni siquiera en el ámbito de la física y, por otra parte, a la modificación del concepto de experiencia.

1. Disolución del concepto de experiencia

La noción de experiencia no ha sido uniforme a lo largo de la historia, Heisemberg lo consideró un concepto problemático, borroso, móvil, además, pondrá de presente como la percepción del mundo no siempre ha sido la misma: el telescopio hizo variar la percepción de lo real en lo macroscópico, igual sucede con lo microscópico. Afirmo en su momento que todos aceptan que el electrón es "observable", pero nadie lo ha visto y, según él, su lugar es indeterminable porque no existe; con fundamento en ello, introduce el principio de indeterminación o de incertidumbre en el conocimiento, que conduce a que se admita que el observador afecta y cambia la realidad que estudia (Heisemberg, 1979, 123).

Einstein, por su parte, pone en crisis los conceptos de espacio y tiempo newtonianos, al señalar que estos que dependen del observador, que no son absolutos y más bien son nociones relativas. Max Plank y otros físicos, revelan, la existencia de un conjunto de relaciones que rigen el mundo subatómico, aseverando que el campo de análisis de la nueva física está compuesta por un número de objetos inobservables; por su parte, Neil Bohr formula su principio de complementariedad, según el cual, pueden existir dos explicaciones opuestas para los fenómenos físicos y, por extensión, para todo fenómeno, además, propondrá un modelo atómico que afirma que los átomos están compuestos de subpartículas, entre las cuales existen distancias proporcionales a las que hay entre el sol y los planetas, que permiten concluir que en la realidad existe más "vacío" que "materia", de manera que si fuese posible expulsar el vació de los intersticios que existen entre las partículas subatómicas de un objeto, quedaría un cuerpo "sólido" de tamaño muy inferior, pero con el mismo peso.

Esta tesis fue utilizada por Hawking para formular su teoría sobre la existencia de los "agujeros negros", que son estrellas "fundidas" que han sucumbido por su propio peso, cuerpos celestes que se han comprimido hasta llegar a tener un "punto de densidad infinita" y un "volumen cero". Estos "agujeros negros", en virtud del desproporcionado incremento de su peso específico, el que puede llegar a ser igual al de miles de millones de toneladas de centímetros cúbicos, generan campos gravitacionales de tanta fuerza gravitacional que se convierten en sumideros espaciales que absorben todo lo que se les acerca, incluyendo, por supuesto, la luz (Hawking, 1988).

Podría señalarse que se trata de una crisis del conocimiento de las partículas y acontecimientos microscópicos, de eventos minúsculos en los objetos; pero cuando se confirma que estos sucesos se llevan a cabo en la base de lo que constituye toda la materia, movimiento y energía del cosmos, se constata, entonces, que, si bien son acontecimientos microscópicos, no por ellos son insignificantes.

2. La crisis de la noción de objetividad

La observación y experimentación que, según el positivismo, encuentran su correlato en la objetividad del conocimiento, presuponen, según el esquema cartesiano que separa el sujeto del objeto, la posibilidad de describir imparcialmente lo que se observa, sin embargo, lo que sugieren las nuevas bases teóricas y conceptuales de la física de principio del siglo XX, es que el paradigma cartesiano ha hecho crisis y que el ideal positivista de un saber independiente (objetivo) es algo ilusorio. Ahora bien, la crisis del pensamiento cartesiano y del positivismo es, de alguna manera, la crisis del pensamiento de Newton y de Kant, quienes concebían el fenómeno (variable independiente) como una realidad objetiva aprehendida por un sujeto-espectador (variable dependiente). La constatación de que el observador se convierte en partícipe, de que objeto y espectador son dos variables dependientes que se afectan mutuamente, conduce a afirmar la existencia de un proceso de conocimiento regido por la incertidumbre.

Heisemberg sostuvo que la realidad se evaporó y que el conocimiento está gobernado por la "indeterminación" y la "incertidumbres", como lo confirman los científicos, quienes sugieren que cada vez son más las hipótesis que no pueden someterse a contrastación o verificación empírica. El observador no sólo no está aislado del fenómeno, sino que forma parte de él (Mercado, 1999, 31).

IX. FENOMENOLOGIA

L a fenomenología, desde una perspectiva diferente, también replantea el lugar de la ciencia y el conocimiento científico en el escenario cultural del siglo XX y cuestionan los presupuestos epistemológicos y metodológicos del positivismo y el neoempirismo, para sugerir, la necesidad de volver a las cosas cotidianas, al mundo de la vida que no puede cuantificarse ni someterse a una racionalidad estratégica o técnico instrumental.

1. Crisis de la cultura y de la ciencia moderna

La crisis del positivismo también es visto por Edmundo Husserl como la crisis de la cultura y de la ciencia moderna (Husserl, 1991), no, simplemente, como un problema relativo a los aspectos teóricos, metodológicos o prácticos de la ciencia, se trata más bien de una crisis de sentido de la mismas, que se constata en el hecho de que las ciencias han perdido significado e importancia para la existencia y la subjetividad humana, por eso, considera necesario un regreso a las cosas mismas, un volver al mundo y a la forma como los objetos son dados en él, esto es, un retorno al "mundo de la vida" (Martínez Ferro, 1997,191).

El positivismo separa el mundo de la objetividad, regido por la medición y las matemáticas, del mundo de la subjetividad, que no puede ser explicado en términos de cantidad, por eso no puede dar cuenta del mundo de la vida, dado que considera que este no encaja en la lógica y la racionalidad de la ciencia, es por esto, que la crisis de la ciencia moderna es, también, la crisis de la cultura y, en especial, de su cultura tecnológica, que acaba olvidándose del mundo de la vida y del sujeto que la habita, al ser reducido a un objeto más de conocimiento (Martínez Ferro, 1997,194).

La propuesta fenomenológica de Husserl encuentra en la noción de "mundo de la vida" la salida a la crisis de la razón, al reconocer que existe una realidad que está más allá de la máquina, un escenario en el que el individuo expresa y materializa su subjetividad; al recuperar un mundo cargado de finalidades y de historicidad, en el que el sujeto encuentra su fuente originaria de toda experiencia y de sentido, de toda validez y objetividad.

2. Intersubjetividad y mundo de la vida

La fenomenología de Husserl influye en los trabajos de Alfred Schutz, quien pretende construir una sociología sobre las bases de la fenomenología replanteando de paso la metodología "comprensiva" weberiana y de quien se deben resaltar dos conceptos fundamentales: intersubjetividad y mundo de la vida.

La intersubjetividad se construye en el mundo social y estructura el mundo de la vida, un mundo que puede ser experimentado por todos los sujetos y que deviene, por ello, en una experiencia común (Schutz. 1974, 71). Esta concepción se diferencia de la de Husserl porque opera en la estructura social y no en la propia conciencia. A Schutz le interesa como:

a. Se comprenden los hombres.

b. Materializan la intersubjetividad.

c. Se construye las estructuras significativas y de comprensión al interior de los sujetos.

d. Opera el proceso de interpretación de la conducta del otro en el sujeto que comprende.

e. Como se produce la propia auto-interpretación.

El mundo de la vida: es el lugar de la experiencia cotidiana y del trabajo, en donde el sujeto se experimenta como un "yo propio" y despliega sus formas específicas de sociabilidad, comunicación y acción social, presenta diferencias con el mundo de la ciencia (Ritzer, 1993, 500 – 526):

a. Mientras el individuo en el mundo de la vida se guía pragmáticamente en el tratamiento de sus problemas cotidianos y de su experiencia vital y el científico es un "observador" desinteresado y desligado (pragmáticamente) de sus problemas teóricos y empíricos, los científicos sociales deben separarse, poner entre paréntesis sus intereses personales y sumergirse en el mundo de la ciencia.

b. Mientras el científico interroga y duda de la existencia de este mundo a fin de someterlo a investigación científica y sistematizarlo, el sujeto participe del mundo de la vida lo experimenta como algo espontáneo y vivencial.

c. El mundo de la vida pre-existe a quien lo experimenta, se halla "pre-organizado", ha sido creado y formado con sus instituciones y sus saberes con anterioridad a la existencia del sujeto que lo experimenta y aprehende, dado que es un mundo que lo antecede y lo sobrevive. En el mundo existe una alta acumulación de conocimiento (en donde se incluye también al científico), sin embargo, el conocimiento que se tiene de él, en la intersubjetividad, es producto del "sentido común", desde el que cada persona elabora un "conocimiento privado", a diferencia del científico social que usa el conocimiento de la ciencia, en el que ya se han expresado problemas, utilizado métodos, formulado soluciones y obtenido resultado.

d. A diferencia del mundo científico, en donde los individuos actúan "racionalmente", en el mundo de la vida cotidiana las personas actúan guiados por la sensatez o "razonablemente". En el mundo de la vida, los individuos articulan sus acciones a las reglas socialmente aceptadas, a partir de ellas, solucionan problemas típicos y realizan elecciones entre los medios permitidos, según las finalidades que persigan. El mundo científico es el mundo de la racionalidad (estratégica o instrumental) que permite la construcción de ciertos modelos específicos sobre la sociedad por parte del científico y con ciertos fines metodológicos.

Schutz sostiene que el mundo social se expresa en estructuras subjetivas de significados sobre la vida cotidiana, a partir de las cuales se debe construir sistemas plenamente racionales, por lo que surge la pregunta: ¿cómo es posible, entonces, captar estructuras subjetivas de sentido mediante un sistema de conocimiento objetivo?

Los científicos sociales trabajan sobre hechos y fenómenos que se caracterizan por ser estructuras intrínsecas de significatividad, lo que corrobora que el mundo social es un horizonte de comprensión estructurado significativamente; de esta suerte, las construcciones teóricas de la ciencia son derivadas de las realizadas previamente por el sujeto en su intersubjetividad y en la vida cotidiana. Tanto en el "mundo de la vida" como en el "mundo de la ciencia", se parten de tipos ideales que permiten interpretar y comprender un sector de la realidad que es importante para todos, en ese sentido, las construcciones de la vida cotidiana son de primer orden, mientras que las de la ciencia son de segundo orden, pues se apoyan en las primeras, de lo que se sigue, que la ciencia racional y objetiva se produce como consecuencia de elaboraciones científicas, derivadas de las construcciones significativas de la vida cotidiana.

La fenomenología muestra como el objeto de las ciencias sociales, a diferencias de las naturales, se "construye" en el mundo de la vida, en la experiencia intersubjetiva y en la intencionalidad práctica valorativa. Los ensayos fenomenológicos de Schutz han desembocado en la corriente "etnometodológica", que centra su estudio en los conocimientos del sentido común y en aquellos métodos y procedimientos que, en forma corriente, los individuos utilizan para darle sentido a las situaciones en las que se encuentran (Briones, 1996, 118-119).

X. TEORÍA CRÍTICA DE LA SOCIEDAD

En el ámbito alemán, en el período de las dos guerras mundiales, surge en Alemania la escuela de Frankfurt, de la que participaron pensadores como Horkheimer, Marcuse, Froom o Adorno, entre otros, quienes elaborarían las premisas conceptuales de lo que se denominaría la "Teoría crítica de la sociedad".

Estos pensadores, objetaron al positivismo y a la reducción que estos hacen de la razón a mera racionalidad instrumental. Los positivistas creen en la captación directa de lo empírico y, por eso, convierten a los hechos en el criterio último y justificador, sin embargo, para los teóricos de la sociedad, la percepción de los fenómenos esta mediado por la sociedad, en la que el sujeto desarrolla su cotidianidad, de lo que se sigue, que la percepción, para que sea real y no mera apariencia, no puede renunciar a percibir la totalidad social del momento histórico que se vive.

No niegan la observación o los hechos, niegan la primacía de estos en la elaboración del conocimiento. Si se niega el carácter dinámico de la realidad, entonces, se reduce la realidad a lo dado. Según la teoría crítica, la ciencia moderna tiene que reconocerse hija de unas condiciones socioeconómicas y culturales que se hallan profundamente articuladas al desarrollo de la industria y del capitalismo, lo que ha llevado a privilegiar un aspecto o dimensión de la razón en detrimento de otros: la razón instrumental de las ciencias positivas. No se puede desvincular el contexto de justificación del contexto de descubrimiento, no puede explicarse la ciencia sólo desde la lógica de la ciencia sino también desde el contexto socioeconómico y político. Según Horkheimer:

"La ciencia hace posible el sistema industrial moderno, ya como condición del carácter dinámico del pensamiento —carácter que, en los últimos siglos, se ha desarrollado con ella—, ya como configuración de conocimientos simples acerca de la naturaleza y del mundo humano —conocimientos que, en los países adelantados, están al alcance incluso de los miembros de los estratos sociales más bajos—, y no menos como componente de la capacidad espiritual del investigador, cuyos descubrimientos contribuyen a determinar, en modo decisivo, la forma de la vida social. En la medida en que la ciencia existe como medio para la producción de valores sociales, es decir, se halla formulada según métodos de producción, ella también tiene el papel de un medio de producción." (2003, 15)

Los teóricos de la sociedad rechazan la reducción que el falsacionismo hace de la ciencia a cuestiones lógicas y epistemológicas, olvidándose del contexto, la teoría crítica no niega la importancia de lo metodológico, simplemente creen que se deben ir más allá. Estas críticas, según Teodoro Adorno, pueden sintetizar así:

a.   En relación al origen del conocimiento no niegan la tensión entre el saber y no saber (ignorancia) para explicar el origen de la ciencia, pero consideran que esta no se reduce sólo a problemas intelectuales sino prácticos y reales, por eso, la contradicción no es mental, el comienzo de las ciencias sociales no está en las contradicciones mentales como en las contradicciones sociales. (Adorno, 1973. 122-123)

b.   Aceptan que la crítica es la base del método científico, pero la entienden no como la fuerza de la razón que permite establecer la conformidad de los enunciados con los hechos, sino como un momento hermenéutico liberador que anticipa el deseo de emancipación social y racional del hombre; lo que indica que la metodología debe trascender el fenómeno en su objetividad y se instale más allá de lo dado.

c. El método nomológico-deductivo de Popper pretende subsumir toda explicación del objeto dentro del esquema racionalista, pero eso es imposible con la sociedad, que es una realidad contradictoria e irracional. Para la teoría crítica, la sociedad no puede verse como un objeto más, ella es algo objetivo y subjetivo a la vez, en consecuencia, la crítica no es sólo formal, es decir, sobre los enunciados, métodos y conceptos sino por sobretodo crítica del objeto mismo, en donde lógicamente debe incluirse a los sujetos y en especial los sujetos vinculados a la ciencia organizada. (Adorno, 1973. 122)

XI. TEORÍA DE LA ACCIÓN COMUNICATIVA

Habermas parte del reconocimiento de tres tipos de acciones constitutivas del mundo de la vida: el trabajo, el lenguaje y la interacción social, las que, a su vez, se articulan a tres tipos de intereses. El trabajo se vincula al interés técnico de dominio de la naturaleza, el uso del lenguaje, al interés práctico por la comprensión de los contextos histórico- sociales y la interacción social, al interés emancipatorio (Habermas, 1977, 443).

En el interés técnico de dominio de la naturaleza influye el conocimiento obtenido en las ciencias empírico-analíticas (ciencias naturales), que permite la racionalización, cada vez mayor de los procesos productivos y del trabajo; El interés práctico por las tradiciones y los aspectos significativos de la cultura, ligadas a los textos y la dimensión comunicativa orientan la producción del saber en las ciencias histórico-hermenéuticas; y, el interés de emancipación se articula a las ciencias crítico-sociales, que proporcionan un saber en torno a las formas de poder presentes en la sociedades contemporáneas lo que hace posible la crítica de la misma (Habermas, 1977, 444).

Habermas reconoció, posteriormente, que las tesis formuladas en conocimiento e interés todavía respondían al paradigma neokantiano de la filosofía de la conciencia, por eso, propone la teoría de la acción comunicativa como sustitutivo de este. Ésta supone el paso de una racionalidad centrada subjetivamente a una racionalidad intersubjetiva, discursiva. Habermas entiende la teoría de la acción comunicativa desde dos perspectivas:

a.   Desde la pragmática formal, la cual le permite hacer explícito los presupuestos que permiten el entendimiento lingüístico, como mecanismo coordinador de acciones, cuando quienes participan de la comunicación pretenden llegar a un acuerdo para definir y ejecutar, sobre la base de ese compromiso, sus planes individuales de acciones.

b.   Desde la teoría de la sociedad, la cual le permite abordar el problema de la racionalidad en tres planos: metateórico, metodológico y teórico empírico.

Aunque entre estos dos aspectos de la teoría existen relaciones sistemáticas, en la medida en que lo que pretende es desarrollar una teoría de la sociedad que haga uso de la acción comunicativa, tal y como él la precisa desde la pragmática formal, se alude a la teoría de la acción comunicativa como teoría de la sociedad con relación a su propuesta metodológica (Habermas, 1995).

A partir de este momento su investigación se orienta hacia el análisis de las condiciones trascendentales o presupuestos universales que permiten el ejercicio de la razón intersubjetiva, los que a su vez se corresponden con los presupuestos universales de la comunicación. (pragmática-formal) Como consecuencia de esta exploración, Habermas afirma que el científico y la ciencia, que este produce, tiene como presupuesto del lenguaje como condición de intersubjetividad.

La teoría de la acción comunicativa, muestra la imposibilidad de explorar el mundo de la vida (base de la construcción de lo social) desde un lenguaje que es sólo expresión de sentido y cuyo supuesto es la subjetividad trascendental, por eso, en tanto teoría, se convierte en uno de los fundamentos ineludibles de las ciencias sociales, de tal manera que, los presupuestos universales y necesarios de la acción comunicativa, son los que facilitan la comprensión del ámbito objetual del investigador social.

La crítica de Habermas al positivismo apuntan a que este da por cierto la existencia de un lenguaje objetivo y universal que sería a priori intersubjetivo, como consecuencia de ello, no se reconoce la intersubjetividad presente en la "comunidad comunicativa", que es presupuesto y condición de posibilidad de la ciencia. A partir de esta premisa, Habermas elabora su crítica a la preeminencia del objetivismo metodológico tanto en las ciencias naturales como en las ciencias sociales que, en su afán de positivización de los métodos de formalización, se olvida del mundo de la vida y las fuentes de comunicación cotidianas. Habermas arremete contra el objetivismo positivista, que reivindica una ciencia social neutral, que, a su vez, concibe la acción social bajo los presupuestos del modelo atomista y causal, en el que los centros de fuerza actúan unos sobre otros, lo que desconoce, de esta manera, el mundo vivencial lingüísticamente mediado.

La crítica al positivismo no implica una exacerbación del mundo de la vida, sino su trascendencia, por eso, si bien parte de la existencia de los intereses particulares que conviven en la sociedad, reconoce, igualmente, la necesidad de llevar a cabo generalizaciones cognitivas, en el marco de una razón comunicativa, que, reconociendo la pluralidad de seres y de pensamientos, permita el arribo a consensos no coactivos. Habermas no niega la necesidad de objetivar y formalizar prácticas mundo-vitales (precientíficas), esto es, admite procedimientos de medición y cuantificación que transforman en datos (susceptibles de configurar un discurso científico) las experiencias cotidianas, pero, en todo caso, considera que estas tienen como fundamento el mundo de la vida.

Habermas distingue la acción instrumental, que guía las actuaciones que buscan la aplicación de los conocimientos obtenidos, por las ciencias empírico-analíticas, en el mundo cotidiano, los cuales se materializan, por ejemplo, en estrategias, técnicas o tecnologías; de la acción comunicativa, que tendría como marco de aplicación los conocimientos que surgen del mundo vital y simbólico y que presuponen la comunicación. Ambas acciones serían categorías constitutivas del mundo de la vida, la primera del mundo social, la segunda del mundo objetivo. Ahora bien, la relación del sujeto con el mundo de la vida esta mediada por la historicidad y guiada por el interés emancipatorio de las ciencias sociales, el que sólo es posible en el marco de la razón comunicativa. Es la razón comunicativa la que permite la reconstrucción racional de las competencias comunicativas que posibilitan la crítica al contexto de exclusión, represión y explotación que están presentes en estructuras patológicas tales como la alienación del trabajo o la ideologización del lenguaje. En este punto es necesario reconsiderar la distinción que Habermas hace del ámbito objetual de las ciencias naturales y el de las ciencias sociales.

En relación a las ciencias naturales, Habermas sostiene que los objetos de las ciencias naturales aparecen pre-constituidos teóricamente, lo que sugiere que en este ámbito la observación y experimentación están influenciadas en gran medida por la teoría. La teoría presupone la existencia de una racionalidad intersubjetiva, que conduce a un consenso previo, de donde surgen los modelos de interpretación para los científicos; si esto se admite, debe inferirse que la actividad de éste y de la ciencia, puede concebirse o entenderse como una tarea hermenéutica de interpretación de datos.

En relación a las ciencias sociales, Habermas señala que, además, de ser un ámbito pre-constituido teóricamente (el investigador interpreta los datos teniendo como referencia las teorías) es, también, un ámbito pre-teóricamente constituido (es una realidad que ya ha sido fabricada por el grupo social), pues el mundo del individuo esta simbólicamente estructurado.

"El mundo del hombre es un mundo simbólicamente estructurado. Comprenderlo, implica antes que intentar infructuosamente acceder a los objetos, los sucesos, las situaciones para apropiárselos de una forma 'natural', reconstruir la estructura del lenguaje en la cual están asumidos, interpretados, ordenados en función de los intereses sociales, mediados por una determinada mirada histórica, captados por una lente filosófica, científica, ideológica, política. (...)En la búsqueda del conocimiento, el hombre no puede trascender el lenguaje. El lenguaje representa como un punteado de agujas en un mapa, los límites de nuestra comprensión, las posibilidades de acción en el mundo, nuestra perspectiva de dar sentido en el mundo objetivo y de expresarnos en el mundo social(...) El mundo social es una realidad producida por el hombre a partir de la naturaleza, una interacción hombre naturaleza, que es al propio tiempo una interacción social, pero que no representa una trasposición semántica de significados constitutivos desde el cosmos hacia el mundo simbólico, sino más bien desde éste hacia la objetividad natural." (Botero Uribe, 1998, 309-310)

Investigar, por una parte, comprende el mundo social y, dentro de éste, lo que hacen y dicen los individuos, incluyendo las precomprensiones que éste tiene de ese mundo, las cuales surgen de su propio horizonte de comprensión de vida; pero, además, esos miembros del grupo social, cuyo hacer y decir quiere comprender, también, tienen sus propias precomprensiones sobre el mundo.

La doble tarea hermenéutica de las ciencias sociales, que propone Habermas, hace referencia, por una parte, a la necesidad de realizar una labor de interpretación de la acción social desde el marco predefinido por la teoría o teorías utilizadas y, por otra parte, a que esa interpretación social no podría llevarse a cabo sino mediante la participación en los procesos de entendimiento, a partir de los cuales los individuos, que participan del grupo social, constituyen su propia realidad.

El investigador social no puede limitarse a describir la realidad que interpreta desde las posibilidades conceptuales que le ofrezcan sus teorías, porque él está involucrado en los procesos de entendimiento a través de la cual estructuran simbólicamente su realidad. El investigador, en el campo de las ciencias sociales, no puede comportarse como un observador externo, no puede objetivar y desligarse de la realidad que interpreta, debido a que no describe, interpreta, comprende racionalmente una situación u objeto social, tarea que sólo puede llevarla a cabo un participante, alguien que comprenda el significado de las expresiones y manifestaciones de un grupo social, desde la perspectiva interna, esto es, cuando conoce cuales son las razones que se pueden aducir a favor de la validez de una emisión, una comunicación o una valor cultural, ahora bien, asumiendo el riesgo de ser reiterativo, eso sólo se logra cuando el investigador actúa como un participante del proceso de entendimiento y no como un observador externo al mismo (Gallego, 1994, 201-202). Concretizando, se puede colegir que Habermas acepta una especie de mediación dialéctica del Verstehen (como comprensión hermenéutica), y el Erklären; lo que indica que la ciencia social (crítico-hermenéutica), debe utilizar un método que permita utilizar tanto la interpretación (Verstehen) como la explicación por causas, una especie de causi-explicación (Erklären) orientada por el interés emancipatorio, que propugna por una sociedad humana y racional.

XII. HEREMENÉUTICA FILOSÓFICA

*L*as objeciones a la epistemología positivista, especialmente, a su racionalidad, también ha sido formuladas por la hermenéutica filosófica (Gadamer), que centra su análisis en el problema de la comprensión, no para enunciar una nueva teoría de la interpretación o una nueva preceptiva de la comprensión que elabore un catálogo de reglas que permitan comprender mejor, sino para formular una nueva filosofía que se interese por el comprender como la forma de ser del estar-ahí.

> "...que Heidegger ha demostrado convincentemente que la comprensión no es una más entre las posibles maneras de comportamiento del sujeto, sino las formas de ser del estar –ahí (Dasein) mismo; y que así hay que entender el concepto de 'Hermenéutica', que indica la movilidad radical del estar- ahí, susceptible de extenderse al todo de su experiencia del mundo" (Gadamer, 1995, XVIII)

La palabra hermenéutica originariamente está ligada a la actividad de interpretar textos, se dice que está asociado a Hermes, el dios de las cosas ocultas y a un término derivado de éste, hermético, es decir, lo cerrado, oculto o secreto que no se deja fácilmente penetrar. En razón de ello se concibió la Hermenéutica como la disciplina del pensamiento que pretende develar los mensajes ocultos, oscuros y sagrados que lo divino quiso transmitir a los hombres; así la hermenéutica en sus inicios estuvo orientada al estudio de las escrituras sagradas. (Correas, 1998, 172). Si bien, la hermenéutica filosófica tiene alguna relación con el sentido originario del término, dado que sigue estando referida a la idea de interpretación de textos, la propuesta de Gadamer rebasa esa concepción como se verá a continuación.

También pueden resaltarse los trabajos de Paul Ricoeur, uno de los más importantes filósofos franceses del siglo XX. Ricoeur ha intentado reconciliar en sus trabajos distintas perspectivas, tales como la fenomenología, el existencialismo, la hermenéutica, el psicoanálisis, el estructuralismo, la teoría narrativa y la desconstrucción, lo que le ha permitido ofrecer una visión conciliadora entre las mismas.

La hermenéutica en la forma como es concebida por Gadamer es primordialmente una filosofía trascendental. No es que la hermenéutica no pueda sugerir opciones metodológicas a las ciencias humanas o comprensivas, sino que, tal y como la entiende Gadamer, reflexiona sobre las condiciones de posibilidad de comprensión de sentido en general; ella no prescribe ni califica ningún método, sus preocupaciones filosóficas se orientan a esclarecer los presupuestos ontológicos que permiten comprender algo en su sentido.

> "El propósito de Gadamer de retomar el diálogo con las ciencias humanas no tiene la finalidad de desarrollar una metodología, como podría sugerir el título después de Dilthey, sino la de demostrar en el ejemplo de estas ciencias entendedoras la insostenibilidad de la idea de un conocimiento de validez general y de sacar de quicio todo el planteamiento del historicismo" (Grondin, 1999, 158.)

1. rehabilitación de la razón práctica

Gadamer, inicialmente, discute la especificidad de las ciencias del espíritu en relación a las ciencias de la naturaleza, que hasta ese momento había obtenido respuestas del positivismo y del historicismo. A propósito del historicismo, es necesario distinguir entre historicidad e historicismo.

La historicidad, es un término que ha sido usado de diversas maneras, pero que en la filosofía de Heidegger es una noción básica y ha influido en los autores que se han denominado historicistas. Para Heidegger, la historicidad está articulada a la temporalidad y hace referencia a la estructura del ser del gestarse del ser ahí en un sentido ontológico-existenciario; por consiguiente, la historicidad en él no se refiere a una característica del pasado simplemente, sino a un rasgo básico que permite la posibilidad de construir historia.

El historicismo es el nombre que se le ha endilgado aun conjunto de doctrinas y corrientes que resaltan la importancia del carácter histórico del hombre y de la naturaleza, lo que indica que dentro de él se pueden incluir diversas tendencias, que incluso, pueden resultar contrarias. En este caso, Gadamer se refiere al historicismo de Dilthey, Droysen y otros neokantianos.

La crítica de Gadamer al historicismo se centra en que estos, a pesar de convenir la historicidad del saber humano, pretenden encontrar una especie de saber absoluto sobre la historia, lo que demuestra que el historicismo también fue hijo del cientificismo de su tiempo. Ésta obsesión epistemológica del historicismo fue duramente crítica, además, por Husserl y Heidegger. (Ferrater, 2001, 1662 –1665).

La hermenéutica de Gadamer surge como alternativa a la mentalidad y a la racionalidad científica positivista, en la que pueden incluirse: la racionalidad de la física clásica (nacida de la primera revolución científica de Galileo y Descartes y absolutizada por el positivismo), la racionalidad de la física relativista, indeterminista y cuántica, (surgida de la revolución que se opera en los supuestos y los conceptos fundamentales de la física en el siglo XX) y las propuestas del historicismo que pretendían hallar un método y una racionalidad propia que les permitiera elevar sus quehaceres y sus producciones cognoscitivas al rango de ciencia. Por eso, frente a la razón analítica y técnico-instrumental, el procedimiento axiomático y la búsqueda de la objetividad que reivindican el positivismo y el historicismo, la hermenéutica filosófica propone la rehabilitación de la razón práctica, una lógica de la pregunta y respuesta en él sentido socrático – platónico, que tiene como fundamento el diálogo y el lenguaje (Berti, 1994, 40-48).

2. recuperación de la tradición humanística

Gadamer cuestiona la exigencia de un método específico, para las ciencias del espíritu, que garantice la validez de su conocimiento y su cientificidad. Su planteamiento está encaminado a demostrar que el carácter científico de las ciencias sociales y humanas no puede comprenderse desde la idea de ciencia moderna (Gadamer, 1995, 15), ello exige recuperar la tradición humanista, de donde originariamente surgieron los conceptos que pueden dar cuenta de la pretensión de conocimiento en las ciencias del espíritu y que fue desplazada por el predominio del método de las ciencias exactas. Afirma que, la decadencia de la tradición humanística, tiene su origen en la "estetización" y "subjetivación" que Kant lleva a cabo de los conceptos fundamentales del humanismo, específicamente, los relacionados con la facultad del juicio y del gusto que, en la tradición humanista, se les había atribuido "función cognoscitiva".

> "Ello se debía al efecto (Gadamer vacila algo en la atribución) de la crítica de la facultad del juicio de Kant, que subjetivizó y estetizó el gusto y, por lo mismo, le negó valor cognoscitivo. Aquello que no basta a los criterios de las ciencias naturales objetivas y metódicas se separó como meramente subjetivo y estético del reino del conocimiento" (Grondin, 1999, 160)

La subjetivación Kantiana del concepto de gusto conduce a la estetización y subjetivación de la facultad del juicio, negándole, por consiguiente, validez a cualquier conocimiento que no fuera producido por las ciencias naturales y constriñendo, de paso, a las ciencias del espíritu a afirmarse en los principios metodológicos que proponen la ciencia moderna (Gadamer, 1995, 38). De esta manera, la crítica y destrucción de la estetización, será un objetivo necesario en la búsqueda de una concepción adecuada del tipo de conocimiento que opera en las ciencias del espíritu, y del intento de formulación de una Hermenéutica de las ciencias del espíritu (Grondin, 1999, 161).

3. Prejuicio, tradición y comprensión

El punto de partida de lo anterior será el develamiento, que Heidegger hizo, de la "estructura ontológica de la circularidad hermenéutica", la cual afirma, la existencia del "prejuicio" en el acto de entender (Gadamer, 1995, 261). A partir de esta consideración, la hermenéutica filosófica (en adelante hermenéutica) considerará que toda interpretación de un texto, entendido en su sentido amplio, engloba los documentos escritos, pero también lo que el hombre piensa, habla y hace. La circularidad supone la existencia de una base previa de "prejuicios" o "precomprensiones" (conscientes o inconscientes), que son producto de la temporalidad del estar ahí, esto es, de la historicidad, sin la cual no puede operarse la precomprensión ni puede haber ningún tipo de conocimiento. Ellas valen, en ese sentido, como condiciones trascendentales del entender.

La teoría de la experiencia hermenéutica, que propone Gadamer, parte de la existencia de precomprensiones en el intérprete, sin las cuales es imposible la comprensión. La relación que se establece entre intérprete y texto es una relación mediada por ellas, pues el intérprete pregunta al texto desde sus preconceptos tradicionales. Esta tesis le sirve para criticar la actitud desdeñosa que frente al prejuicio tuvo la ilustración y, a su vez, para proponer recuperar la "tradición" y la "autoridad" como fuentes primigenias de los prejuicios y de la verdad. La ilustración concibe la autoridad como sumisión y abdicación de la razón, para Gadamer ella es un acto de "conocimiento" y "reconocimiento" que se manifiesta de muchas formas, una de las cuales es la tradición (Gadamer, 1995, 263).

Apoyado en el concepto de "historia de la trasmisión", tal y como lo elaboró la teoría literaria en el siglo XIX, afirma que la historicidad no es una limitación, como lo pensó el historicismo y el positivismo (que pretendieron eliminar los prejuicios en el proceso de conocer, a fin de hacer hablar a todas las cosas liberadas de toda subjetividad), sino una categoría o "principio hermenéutico". Según él, frente a la "historia de la trasmisión", no se es libres de asumirla o rechazarla, porque no depende de decisiones personales o colectivas, se está sometido a ella, de tal manera que la conciencia no es autónoma. Al tratar de entender algo, siempre se hace dentro del horizonte que delimita "la conciencia de la historia de la trasmisión", sin que exista posibilidad de cuestionar los límites que ella establece.

Mientras el historicismo aspiraba a una conciencia histórico-objetiva emancipada de todo condicionamiento social o sicológico, la hermenéutica filosófica sostiene que el poder de la historia no depende de que sea reconocido o desconocido, pues ella sigue ejerciendo su influencia a pesar de se crea que se está por encima de ella.

"La definición del entender como un integrase en el acontecer de la trasmisión significa que la subjetividad no es plenamente dueña de su aceptación del sentido o sin sentido de las cosas en cada caso (...) La historia de la trasmisión es antes ser que conciencia o, en términos hegelianos: más sustancia que subjetividad. Por eso el poder que la historia tiene sobre nosotros es mucho mayor que el dominio que el dominio que nosotros podamos tener sobre la historia." (Grondin, 1999, 169.)

En el acto de comprender el presente y el pasado se hallan en continua mediación, por eso, la comprensión no puede hacerse por fuera de la tradición: la historia tiene un significado hermenéutico, de lo que se sigue, que la comprensión siempre es, en esencia, un fenómeno histórico (Gadamer, 1995, 274).

4. Dialogo y lenguaje

La hermenéutica sitúa, como eje central del análisis de la comprensión, al fenómeno lingüístico, pues el lenguaje es la forma primordial de circulación de todo conocimiento y la experiencia de lo real es, primordialmente, una experiencia lingüística que permite tratar los fenómenos como textos, textos que a su vez deben ser interpretados, esto es, comprendidos. Lo lingüístico aparece, claramente, como el eje central de la comprensión, en la medida en que el proceso acaece mediado por el lenguaje, que es diálogo. Comprender es interpretar, pero la interpretación tiene lugar en el marco de un diálogo de preguntas y respuestas, que remite a un lenguaje que le ha sido legado al interprete por la tradición. Gadamer afirma que el ser al que se puede entender es, lenguaje (Grondin, 1999, 170).

Gadamer no distingue entre comprender e interpretar. La interpretación no puede verse como un acto complementario o adicional a la comprensión: la comprensión es siempre interpretación, pero el entender, como ya vimos Adicional a lo anterior, el entender remite al diálogo, por eso, entre comprender y preguntar hay, según Gadamer, una conexión indisoluble, lo que supone, como ya se dijo, una dialéctica de preguntas y respuestas en donde la pregunta no se limita sólo a interrogar el texto y en la que el intérprete debe hallar las preguntas para las cuales el texto es respuesta. Esta afirmación sugiere que la primera pregunta del intérprete no es por el texto sino por la "pregunta".
Un texto es objeto de interpretación si propone una respuesta a

una posible pregunta de un intérprete, por eso, comprender un texto, encontrar el sentido de una frase, implica comprender esa pregunta (Gadamer, 1995, 351 y ss.). La pregunta, a diferencia de lo que creyó el positivismo, determina por anticipado la perspectiva del comprender, de lo que se sigue que lo fundamental no es suprimir las expectativas de sentido implícito en las preguntas, sino darle preeminencia, para que los textos que se quieren comprender puedan responder a ellas (Grondin, 1999, 169.).

La equivalencia que Gadamer lleva a cabo entre diálogo y lenguaje constituye un ataque a la lógica proposicional, en la medida en que debe admitirse que el lenguaje no se realiza en proposiciones sino como diálogo. La lógica proposicional concibe la oración como una unidad de sentido autosuficiente, la hermenéutica, en cambio, afirma que toda proposición está inscrita dentro de un contexto dialógico del cual obtiene su sentido. Por consiguiente, entender un lenguaje exige mucho más que una operación intelectual de la cual se derive un contenido de pensamiento objetivable, requiere, además, tomar en consideración que el mismo es el resultado de una tradición, es decir, de un dialogo en donde se funden el presente y el pasado.

"Gadamer se dirige, por tanto, contra la lógica proposicional que comprende el entender como un disponer de algo, cuando desarrolla su lógica hermenéutica de pregunta y respuesta que concibe el entender como participación en un sentido, en una tradición y, finalmente, en un diálogo. En este diálogo no hay proposiciones, sino preguntas y respuestas que a su vez provocan nuevas preguntas" (Grondin, 1999,172)

5. El problema de la objetividad

La hermenéutica de Gadamer concibe la actividad cognitiva desligada de la idea y de los requerimientos de neutralidad e imparcialidad, exigidos por las tendencias que defienden el concepto objetivo de conocimiento y el esquema de separación sujeto-objeto, según este enfoque, no puede existir objetividad, porque el sujeto está involucrado tanto como el texto en el acto mismo de comprender, su papel es activo y creativo en el proceso de interpretación. La existencia del "círculo hermenéutico" apunta precisamente a la disolución de esa separación del objeto y el sujeto, por cuanto enuncia, más bien, el constante intercambio y fusión de horizontes entre productor, texto e intérprete.

115

En el proceso de comprensión, la actitud inicial del interprete es la de dejarse decir algo del texto, pero esta no es, por decirlo de alguna manera, una actitud ingenua, porque el intérprete, a su vez, porta una precomprensión que surge de sus pre-juicios y de la tradición, que son anticipaciones de sentido que pueden o no ser confirmadas. Lo anterior no quiere decir que la comprensión sea algo puramente subjetivo, pues en ese proceso también pueden identificarse elementos objetivos, que constituyen los preconceptos de la comprensión, de los cuales el intérprete no puede escapar debido a que están limitados por la temporalidad, tanto del objeto como del sujeto. Es esta distancia temporal, la que permite que se desechen los preconceptos inadecuados y afloren aquellos que permiten comprender el objeto en su significatividad. En el anterior sentido, la comprensión es siempre al mismo tiempo objetiva y subjetiva, el intérprete entra en el horizonte de la comprensión, fusiona su horizonte con el texto, no lo reproduce, sino que lo conforma, lo rehace desde sus precomprensiones (Kaufmann, 1999, 99).

6. Crítica

La propuesta de Gadamer tuvo sus críticos entre los que se pueden señalar a Betti y Habermas.

Betti defiende la idea de una hermenéutica rigurosamente científica que garantice la objetividad de las interpretaciones de la ciencia del espíritu, pues considera que todas las formas de interpretación científica (entre las que se cuentan la filología, la historia, la teología y el derecho) le subyace una estructura gnoseológica común, cuyos criterios de objetividad deben ser elaborados por la hermenéutica, la que se convierte en el fundamento metodológico de todas las ciencias del espíritu. (Grondin, 1999, 180 – 184).

Habermas, si bien inicialmente se interesa por la crítica emancipatoria a las ideologías y se opone al concepto hermenéutico de comunicación, posteriormente, a partir de la teoría de la acción comunicativa y la ética del discurso, produce un giro que tiene como fundamento la idea universal de la comprensión lingüística. En este contexto, su propósito es el de llevar a cabo desde la teoría del lenguaje, una fundamentación de las ciencias sociales que salde cuentas con el objetivismo positivista. Para lograr lo anterior, inicialmente se apoya en la teoría de los juegos del lenguaje de Wittgenstein, sin embargo, al ver en la tesis del cierre de las formas de vida lingüísticamente constituidas un rezago del positivismo, apela a la hermenéutica para mostrar que los círculos del lenguaje no son cerrados, sino porosos, tanto hacia fuera, en la medida en que el lenguaje se encuentra abierto a todo lo que se puede decir y entender, como hacia dentro, por cuanto el sujeto lingüístico puede tomar distancia respecto de sus propias expresiones. No obstante, más allá de esta solidaridad, entre Habermas y Gadamer, entre los mismos se presentaron diferencias sustanciales en relación a otros aspectos que rebasan las pretensiones de este trabajo.

XIII. CONCEPTO DE PARADIGMA Y CIENCIA NORMAL

En 1963 Kuhn publicó el libro La estructura de las revoluciones científicas, que implicó un viraje en el estudio de la ciencia, ya que sugería, un análisis de la misma, sin desligarla de las consideraciones histórico-sociales (Kuhn, 1998, 20-24). Contrario a la tendencia popperiana, para quien la filosofía de la ciencia tiene como finalidad una reconstrucción lógica de las teorías científicas, Kuhn considera ineludible y necesario la investigación histórica de la ciencia, si se quiere no sólo describir el desarrollo de las teorías científicas sino, además, dar razones de por qué en determinadas circunstancias se han aceptado y validado por la comunidad científica algunas teorías y se han desechado otras.

Según Kuhn, la confrontación de teorías no puede explicarse sólo desde la pura demarcación racional o falsacionismo puro, debido a que en su definición inciden diversos "paradigmas", las "comunidades científicas", las "anomalías", etc. El cambio de paradigma ocurre cuando las anomalías son identificadas por la mayoría o por los miembros más influyentes de una comunidad científica. (Kuhn, 1998, 227-228)

La noción de paradigma es un concepto central en su obra. Alude a las conquistas científicas universalmente aceptadas durante un período, que brindan modelos de problemas y modelos la solución aceptable para los mismos, que son usada por aquellos que trabajan en un campo específico de investigaciones. El paradigma es el que permite la construcción del conocimiento dentro de la "ciencia normal", pues provee a la comunidad científica de los criterios para seleccionar problemas y excluir otros, para plantearlos y darles respuesta, de suerte, que aquello que no se ajuste al paradigma será rechazado, por no ser considerado, propiamente científico. De lo que se sigue, que mientras subsista el paradigma debe suponerse que el problema tiene soluciones (Kuhn, 1998, 71).

Sin una teoría paradigmática (paradigma) no hay comunidad científica ni hay "ciencia normal", esta última, supone una práctica científica cuya investigación está basada en el (o los) resultado(s) obtenido(s) por la ciencia en su pasado más reciente y a los que la comunidad científica les reconoce validez (Kuhn, 1998, 33). La "ciencia normal", según Kuhn, se trasmite a través de los "libros de texto científico", los cuales sirven para definir problemas y métodos legítimos en un campo de la investigación, además, permiten al estudiante entrar en contacto con la tradición científica y los paradigmas validados por la comunidad científica a la que pertenece, sin cuyo conocimiento es imposible que forme parte de ella (Kuhn, 1998, 34). Finalmente, hacer ciencia normal, implica llevar a cabo las promesas del paradigma, lo que exige identificar los hechos relevantes para el mismo, de tal suerte que puedan acoplarse con la teoría, articular los conceptos de ésta y extender sus campos de aplicación (Kuhn, 1998, 51 y ss.).

Establecido un paradigma, la investigación se orienta a la resolución de problemas definidos por él, esta es una operación similar a la resolución de enigmas, acertijos o rompecabezas (Kuhn, 1998, 73), por eso, no se puede hablar de fracaso de paradigma sino del fracaso de la investigación o del investigador; el paradigma envuelve la promesa de solución al problema, es el investigador el que no da con ella (Kuhn, 1998, 133). Encontrar la solución de un problema, implica la resolución de toda clase de complejos enigmas, instrumentales conceptuales y matemáticos; cuando esto sucede, quien lo logra puede ser catalogado como un experto en la resolución de enigma (Kuhn, 1998, 70).

En este proceso, es posible que se encuentren anomalías o problemas para los cuales el paradigma no tiene una solución, pero ello no obliga a abandonarlo inmediatamente, entre otras cosas, el mismo Kuhn sostiene que ningún paradigma resuelve completamente todo sus problemas(Kuhn, 1998, 131); por lo tanto, se procede a poner entre paréntesis la anomalía para ser resuelta en el momento oportuno, sin embargo, cuando las anomalías se multiplican o no es posible explicarlas en términos teóricos normales, se produce la pérdida de confianza en la teoría aceptada, haciendo insostenible el paradigma y dando lugar una crisis de éste que trae como consecuencia una revolución científica y la instauración de un nuevo paradigma. Según Kuhn, sólo se rechaza un paradigma cuando se dispone de un candidato alternativo que pueda ocupar su lugar, rechazar un paradigma sin remplazarlo con otro equivale a rechazar la ciencia misma (Kuhn, 1998, 128-131).

Kuhn relata como a pesar de hoy admitirse que la luz es fotones, (entidades mecánico cuánticas) que presentan características de ondas y de partículas en las investigaciones. Esta caracterización fue desarrollada por Plank, Einstein y otros, sin embargo, en los inicios del siglo XX, la teoría imperante señalaba que la luz era un movimiento ondulatorio transversal, esta tesis se apoyaban en los escritos de Young y Fresnel a principios del siglo XIX; ahora bien, durante el siglo XVIII, la tesis aceptada había sido proporcionada por la Óptica de Newton la que afirmaba que la luz era corpúsculo de materia. "Estas transformaciones de los paradigmas de la óptica física son revoluciones científicas y la transición sucesiva de un paradigma a otro por medio de una revolución es el patrón usual de desarrollo de una ciencia madura." (Kuhn, 1998, 35-36.).

Todas las crisis de la ciencia normal se inician con la confusión de paradigmas y, concluyen, con la aparición de un nuevo candidato a paradigma que lucha para que sea aceptado por la comunidad científica. Esto, sin embargo, no debe entenderse como un proceso de acumulación que re-articular o amplia el antiguo paradigma. La transición de un paradigma a otro opera de una manera distinta y se dirige más bien a la reconstrucción del campo teórico, metodológico y de aplicación del paradigma (Kuhn, 1998, 139). Lo anterior indica que las revoluciones científicas deben entenderse "como aquellos episodios de desarrollo no acumulativo en que un antiguo paradigma es remplazado, completamente o en parte, por otro nuevo e incompatible" (Kuhn, 1998, 149).

Las revoluciones científicas no cambian el mundo, sino el concepto de mundo que se tiene y con el cual se han construido las teorías y conocimientos. Señala Kuhn, que aquellos que el hombre percibe está atado a lo que su experiencia visual y conceptual lo ha preparado para que vea. En ese sentido, el paradigma actúa como un filtro respecto de los estímulos que provienen del entorno, permitiendo que se acepten las visiones compatibles o se desechen las contrarias; de manera que, la apreciación de la realidad está condicionada histórica y culturalmente, ello explica que sujetos que pertenecen a diversas sociedades y culturas ven un mismo objeto de forma distinta, pues la percepción está condicionada por la educación y los diversos procesos de socialización (Kuhn, 1998,295) El nuevo paradigma permitirá que los científicos adviertan cosas nuevas, en parte debido a la utilización de nuevos instrumentos y, en parte, también, a que el nuevo paradigma le permite indagar en lugares que antes no eran considerados relevantes (Kuhn, 1998,176-179), de lo que se puede colegir, que lo que cambia no es el mundo sino el campo visual del científico.

El análisis de la forma como funcional la ciencia normal y la estructura de la revolución científica revelan, además, el carácter no lineal ni acumulativo del desarrollo científico y la inconmensurabilidad de los paradigmas, tesis, según la cual, un paradigma no puede ser traducido ni equiparable con otro.

Advierte Kuhn, que los paradigmas en competencia hacen que cada grupo de científico practique sus profesiones en mundos diferentes y vea cosas diferentes a pesar de observar el mismo punto (Kuhn, 1998,233 y 302), por eso, la transición de un paradigma a otro no puede lograrse paso a paso, requiere la conversión o cambio de paradigma. Kuhn cita a Max Planck quien afirma que "una nueva verdad científica no triunfa por medio del convencimiento de sus oponentes, haciéndoles ver la luz, sino más bien porque dichos oponentes llegan a morir y crece una nueva que se familiariza con ella" (Kuhn, 1998, 235).

Finalmente, Kuhn se pregunta: "¿es fija y neutra la experiencia sensoria?" ¿son las teorías simplemente interpretaciones hechas por el hombre de datos dados?" La filosofía occidental ha respondido afirmativamente a estas dos preguntas, sin embargo, afirma Kuhn, que, las operaciones y mediciones que lleva acabo un científico no son lo dado sino lo reunido con dificultad, implican más bien una selección según el paradigma aceptado, además, subsisten las dificultades, tres siglos después de Descartes, para elaborar un lenguaje puro de observación, en ese sentido, no existe el lenguaje que haya podido producir simples informes neutrales y objetivo sobre lo dado (Kuhn, 1998, 200)

XIV. PROGRAMAS DE INVESTIGACIÓN CIENTÍFICA

Lakatos, discípulo de Popper, sí bien partió del marco de referencia establecido por su maestro, formuló una serie de críticas al falsacionismo que cataloga de ingenuo, no para destruirlo sino para profundizar y reformular su aspecto positivo, con miras a fundar un falsacionismo que denomina sofisticado. Su teoría trata de mostrar que el proceso de falsificación, que propone Popper, es mucho más complejo de lo que parece, dado que ningún científico busca falsear sus hipótesis o teorías científicas, más bien, trata de brindarle seguridad y protección a las mismas.

Esta es una idea que no se corresponde con la historia real de la ciencia. El examen histórico demuestra que los científicos no están dispuestos a abandonar sus teorías, incluso, aun cuando estas sean refutadas, por el contrario, tiende a cerrar los ojos ante todas las anomalías conocidas con anterioridad a aquella que, posteriormente, es entronizada como experimento crucial (Lakatos, 1993, 166).

Un primer acercamiento al falsacionismo lo impulsa a formular (en concordancia con la lógica del criterio popperiano de demarcación) un metacriterio que permita evaluar al falsacionismo y mantenerlo dentro del marco de la racionalidad científica. El carácter falsable de una teoría es la condición básica para mantenerla dentro de la racionalidad científica, según la teoría de la ciencia de ₁Popper. Tal metacriterio, hace uso de las herramientas que provee el falsacionismo para distinguir la ciencia de la pseudociencia, sin embargo, éste será cuasi-empírico en razón de que sus instancias refutadoras serán proveídas por la historiografía, en ese sentido, la metafalsación será historiográfica debido a que lo que se pretende es revisar cómo han sido evaluadas las teorías científicas, en la historia, por la comunidad científica.

Si de la evidencia histórica se concluye que una teoría, que ha mostrado insuficiencia, ha sido falsada y excluida del cuerpo del conocimiento científico, entonces, el principio falsacionista ha sido corroborado, pero, si es lo contrario y una teoría que deba ser rechazada, según el postulado popperiano, sigue vigente en la comunidad científica, deberá considerarse que el falsacionismo ha sido falseado y, por lo mismo, debe excluirse de la racionalidad científica. Lo anterior, exige establecer las consecuencias empíricas del falsacionismo que la falsean, dicho de otra manera, definir sus instancias falseadoras, pues de lo que se trata es de falsear el falsacionismo, que siguiendo la lógica popperiana sostiene que "una teoría de la racionalidad o criterio de demarcación debe rechazarse si se muestra inconsistente con un juicio de valor básico aceptado por la elite científica".

Según Lakatos, en la base de la metodología popperiana está la afirmación de que existen enunciados (relativamente) singulares cuyos valores de verdad permiten alcanzar un acuerdo unánime por parte de los científicos. En consecuencia, una teoría científica debe ser rechazada si es inconsistente con un enunciado básico (empírico) unánimemente aceptado por la comunidad científica. "Si un criterio de demarcación es inconsistente con las evaluaciones básicas de la elite científica, debe ser rechazado" (1993, 162). Sin embargo, el examen histórico muestra que la comunidad científica ha considerado como importantes progresos para la ciencia y la investigación a programas que mostraban inconsistencias, que las teorías más importantes nacen refutadas y que algunas leyes no son rechazadas sino reelaboradas a pesar de los conocidos contra-ejemplos.

Lakatos señala que en la mayoría de las investigaciones científicas se hallan anomalías que, en el esquema del falsacionismo "ingenuo", se entenderían como instancias refutadoras, sin embargo, la realidad es que el científico las pasa por alto confiado en que posteriormente serán aclaradas, es por eso que propone construir un modelo de evaluación de la ciencia que consulte a la ciencia real y que no sea producto de criterios utópicos (Lakatos, 1993, 175). Con fundamento en ello, propone, como unidad descriptiva de los logros científicos, a los "programas de investigación" en remplazo de las hipótesis aisladas, pues, como lo sostiene el propio autor, la "unidad descriptiva típica de los grandes logros científicos no es una hipótesis aislada sino un programa de investigación" (Lakatos, 1993, 13).

El programa de investigación involucra secuencias de teoría que muestran continuidad y articulación entre sus miembros, de forma que pueden identificarse a éstos como versiones modificadas de un plan inicial. La continuidad está garantizada por el núcleo del programa en torno al cual se va constituyendo un cinturón de hipótesis auxiliares. Esta idea se puede ilustrar con la imagen de las ondas que se dispersan a partir de un centro que las emite en espiral, por lo que puede inclusive interpretarse como un moderado crecimiento acumulativo de la ciencia.

Según Lakatos, un programa de investigación contiene dos elementos básicos, el núcleo y el cinturón de protección, en donde se encuentran las hipótesis auxiliares, en ese sentido, toda teoría o hipótesis se revela rodeada de otra serie de teorías y visiones admitidas que le dan sentido a los conceptos y a las mismas hipótesis. A este núcleo aceptado convencionalmente y al cinturón de hipótesis auxiliares, él lo denominará "programas de investigación científica".

Un programa de investigación científica requiere de la existencia de reglas metodológicas que señalan los caminos que hay que evitar (heurística negativa) y los que hay que seguir (heurística positiva). En efecto, la heurística positiva y la heurística negativa, tienen como finalidad orientar y organizar el esquema conceptual, metodológico y empírico del programa de investigación, pues a ellos les concierne establecer los contenidos que se someten a prueba, así como precisar las premisas irrefutables, el marco conceptual y el lenguaje propio del programa.

La heurística negativa prescribe por simple decisión metodológica la irrefutabilidad del núcleo del programa, por lo que este es no es falsable. La heurística negativa impide que se aplique el Modus Tollens a ese núcleo firme, lo que sugiere, más bien, es que se incorporen o se inventen hipótesis auxiliares que formen el cinturón protector en torno a ese núcleo o centro firme y contra ella si dirigir el Modus Tollens. (Lakatos, 1993, 66.) Recuérdese que el Modus Tollens hace parte de las conclusiones o silogismos hipotéticos, cuya característica es que son razonamientos cuyas premisas contienen por lo menos una proposición hipotética. El Modus Tollens es aquel modo de razonamiento en el que a partir de la negación de lo condicionado se inferirá la negación de la condición. Así: si A es, B es; B no es, por lo tanto, A no es. Por el contrario, la heurística positiva da pistas de cómo cambiar y desarrollar las versiones refutables del programa de investigación, esto es, el cinturón protector (Lakatos, 1993, 69).

En síntesis, el programa de investigación, se compone de dos elementos: en primer lugar el núcleo, que puede interpretarse como un componente estático, en el que aparece el diseño general del programa, los presupuestos teóricos que establecen las temáticas y problemáticas a investigar y la forma de construir las hipótesis auxiliares; en segundo lugar, el cinturón de hipótesis auxiliares que pueden ir siendo modificadas o ampliadas en el trascurso del desarrollo histórico del programa de investigación y respecto del cual se aplica el Modus Tollens.

El carácter progresivo o regresivo de un programa de investigación (Lakatos, 1993, 93) dependerá, en gran medida, de su poder heurístico, es decir, de su capacidad para anticipar en su crecimiento hechos que puedan ser vistos como teóricamente nuevos.

> "Se dice que un programa de investigación progresa mientras sucede que su crecimiento teórico se anticipa a su crecimiento empírico; esto es, mientras continúe prediciendo hechos nuevos con algún éxito ('cambio progresivo de problemática'); un programa está estancado si su crecimiento teórico se retrasa con respecto al crecimiento empírico; esto es, si sólo ofrece explicaciones post-hoc de descubrimientos casuales o de hechos anticipados y en el seno de un programa rival ('cambio regresivo de problemática')" (Lakatos, 1993, 94)

Un programa se conserva siempre que siga prediciendo nuevos fenómenos con éxito y siga manteniendo más capacidad explicativa que su rival, lo que sólo es posible a través de la formulación de nuevas hipótesis auxiliares, las cuales pueden surgir de la necesidad de ajuste conceptual, cuando hay confrontación de las hipótesis con las anomalías o, también, como reacción o defensa ante las refutaciones propuestas por teorías rivales (Lakatos, 1993, 66).

Lakatos reconoce en el pensamiento de Kuhn un avance en el análisis y la comprensión de las ciencias, sin embargo, no admite el historicismo de la ciencia que puede derivarse de su propuesta y, por eso, rechaza la interpretación que reduce a criterios externos la explicación del desarrollo de la ciencia. Para él, el análisis histórico de la ciencia, es relevante para mostrar la forma como se establecen, desarrollan y degeneran los programas de investigación; más aún, apelando a una frase de corte kantiana señala que "la filosofía de la ciencia sin historia de la ciencia es vacua y la historia de la ciencia sin filosofía de la ciencia es ciega". Ahora bien, Lakatos distingue dos tipos de historia de la ciencia: una externa y otra interna, la primera hace referencia a la historia empírica, la segunda, permite hacer una reconstrucción racional de la ciencia en términos de un programa de investigación permitiendo determinar el crecimiento o degeneración del programa. Para él, la metodología de los programas de investigación no es formada sino complementada por la historia externa y, ambas, deben ser contrastadas con la historia real (Ferrater, 2001, 2062).

La reconstrucción racional, busca organizar y categorizar las secuencias problemáticas y sus soluciones teóricas, en concordancia con la corroboración empírica que las soluciones han alcanzado en el desarrollo de la investigación, esto es, en correspondencia con el poder heurístico del programa que se ha desarrollado en el tiempo según un plan racional inicial que le da coherencia. La historia externa complementa a la reconstrucción racional, si explicita los elementos racionales (sociales, políticos, sicológicos, económicos) que están presentes en la historia interna y han influido en la configuración del programa. A pesar de esto, no puede entenderse que para Lakatos, el contexto tiene incidencia directa en la elaboración del conocimiento científico, con respecto de ello afirma:

> "La historia externa o bien suministra explicaciones no racionales del ritmo, localización, selectividad, etc., de los acontecimientos históricos interpretados en términos de la historia interna, o bien suministra (cuando la historia difiere de

la reconstrucción racional) una explicación empírica de la divergencia. Pero el aspecto racional del crecimiento científico queda enteramente explicado por la lógica de la investigación científica de cada uno" (Lakatos, 1993, 154)

Para finalizar, debe señalarse que si bien Lakatos se sigue denominando como su maestro: "falsacionista", el proceso de felación no es tan relevante en su teoría ni es vista como el motor del progreso científico. En el modelo popperiano las anomalías eran el punto sobre el cual modelo empeñaba su interés, pues sobre ellas recaían los experimentos cruciales, en el modelo de Lakatos lo importante es la capacidad de predecir hechos nuevos e inesperados.

XV. ANARQUISMO EPISTEMOLÓGICO

Un paso más allá en la crítica a Popper y de la tradición empirista lo da Paul Feyerabend, quien propone una visión anarquista de la epistemología y la filosofía de la ciencia. Este anarquismo epistemológico (que él combina con la dialéctica), reivindica la libertad, el pluralismo y los impulsos creadores humanos frente al racionalismo defendido por la ciencia. En palabras del autor:

> "El siguiente ensayo ha sido escrito desde la convicción de que el anarquismo - que no es quizás la filosofía política más atractiva- puede procurar, sin duda una base excelente a la epistemología y a la filosofía de la ciencia." (Feyerabend, 1989, 7)

Feyerabend le apuesta a la disolución del criterio de demarcación entre lo científico y lo no científico, para él, la ciencia coexiste con otras formas de pensamiento sobre la realidad que tienen el mismo estatus, hasta tal punto que, en ocasiones, los mitos, las cosmogonías y las especulaciones metafísicas proporcionan mejores explicaciones que las propias teorías científicas. Cada cultura tiene una racionalidad específica o estilo cognitivo que es históricamente identificable y al interior de la cual se definen supuestos, noción de verdad, realidad, conocimientos posibles, criterios de validación, mecanismos de adquisición y procesamiento de la información. Una consecuencia de esta visión de la ciencia en Feyerabend, es que la misma debe ser asimilada a cualquier otra expresión humana sea esta de carácter mítico, artístico, religioso, etc. La ciencia, afirma, puede ofrecer historias fascinantes sobre el universo, y los científicos, al igual que los artistas, los narradores de leyendas, trovadores y bufones de la corte pueden contribuir a entretener a quienes los escuchaban.

El éxito o fracaso, de un modo de pensamiento, debe establecerse en función de su propio marco de referencia histórico y no de un meta-criterio objetivo y ajeno al modelo cognoscitivo que se evalúa, esto debido a que cada estilo cognitivo lleva implícito la pretensión de que la forma acertada de describir o representar la realidad es la suya.

"La elección de un estilo (cognitivo), de una realidad, de una forma de verdad, incluyendo criterios de realidad y de racionalidad es la elección de un producto humano. Es un acto social, depende de la situación histórica" (Feyerabend, 1987, 188.)

La idea generalizada de que la ciencia es la mejor y única forma de adquirir conocimiento, responde a un esquema ideológico que los científicos han defendido para mantener su statu quo y los privilegios sociales; en contra de ello, Feyerabend argumenta que no existe una idea, por más antigua y absurda que parezca, que no pueda contribuir a mejorar o aumentar el saber. Si bien se ha querido ver en la ciencia un estándar invariable de racionalidad, el conocimiento, en cualquier campo, incluyendo el científico, no obedece a reglas claras y prefijadas, porque la ciencia es en realidad una actividad anarquista, por consiguiente, un anarquismo teórico, no es sólo más realista y humanista, sino que contribuye al progreso de la ciencia y la sociedad. La misma idea de ciencia ha sido modificada históricamente en forma profunda y esencial, al igual que criterios básicos de la misma como: experimentación, medición, verificación y otros parecidos.

Lo cierto es que se ha querido establecer una diferencia entre un conjunto de reglas claras, sistemáticas y objetivas, que aparecerían como ciertas e infalibles (teoría epistemológica), y unas "muestras falibles" que, teniendo como referencia las reglas y procedimientos preestablecidos caen en el error (práctica científica); sin embargo, para Feyerabend, la ciencia, tal y como realmente se encuentra en la historia, es la combinación de esas reglas y del error, por eso, el científico debe tener conciencia de que conviven con el error y, además, que él mismo está "sujeto a añadir nuevos errores en cualquier etapa de la investigación". Así las cosas, se hace necesario, para Feyerabend, una "teoría del error" que no busque prescribir un conjunto de reglas generales o procedimientos ya preparados e inalterables, sino proponer reglas extraídas de experiencias anteriores, sugerencias heurísticas, disparates metafísicos, historias, fragmentos de teorías abandonadas que contribuyan al desarrollo de la imaginación y los caracteres individuales. (Feyerabend, 1989, 9).

Para Feyerabend, la educación científica ha contribuido decididamente en este empeño, pues ella ha llevado a cabo una simplificación racionalista del proceso de la ciencia mediante una simplificación del sujeto que la produce.

"Para ello se procede del siguiente modo. Primeramente, se define un dominio de investigación. A continuación, el dominio se separa del resto de la historia (la física, por ejemplo, se separa de la metafísica y de la teología) recibe una 'lógica' propia. Después un entrenamiento completo en esa lógica condiciona a aquellos que trabajan ene le dominio en cuestión para que no pueda enturbiar involuntariamente la pureza (léase esterilidad) que se ha conseguido. En el entrenamiento, una parte esencial es la inhibición de las intuiciones que pudieran hacer borrosas las fronteras. [...] Su imaginación queda restringida e incluso su lenguaje deja de ser el que le es propio." (Feyerabend, 1989, 12)

Ahora bien, este ideal homogeneizador del sujeto, es el que se halla implícito en la expresión "reglas ciertas e infalibles". Para el autor, una educación científica y una historia de las ciencias, si quiere facilitar el desarrollo humano, deben apostar por una "teoría del error" y ella misma asimilarse a una colección de historias que permita al estudiante elegir una determinada vía acorde con sus inquietudes y proyectos.

"Sin Estándar de verdad y racionalidad universalmente obligatorios no podemos seguir hablando de error universal. Podemos hablar solo de lo que parece o no parece apropiado cuando se considera desde un punto de vista particular y restringido; visiones diferentes, temperamentos y actitudes diferentes darán lugar a juicios y métodos de acercamiento diferentes. Semejante epistemología anarquista – pues en esto es en lo que se resuelve nuestra teoría del error- no sólo resulta preferible para mejorar el conocimiento o entender la historia. También para un hombre libre resulta más apropiado el uso de esta epistemología que el de sus rigurosas y 'científicas' alternativas." (Feyerabend, 1989, 12-13)

Este reconocimiento del error como parte de la historia de la ciencia, conduce a Feyerabend a la pregunta por el método en la ciencia. En realidad, una preocupación central de él, siempre fue la formulación de una metodología general que respondiera tanto a las expectativas teóricas de la ciencia como de la metafísica, las artes y los mitos; sin embargo, esto suponía que se mantenía el apego al sistema de reglas y a los privilegios a la razón y a la ciencia. (Ferrater Mora, 2001,1252-1253) La tesis de un método que prescriba reglas y procedimientos científicos inalterables y obligatorios es refutada por la propia historia de la ciencia, toda regla corre el riesgo de ser infringida (voluntariamente o no) en cualquier momento y ello es una condición para el desarrollo del conocimiento.

En ocasiones, sostiene Feyerabend, es aconsejable no sólo ignorar la regla, sino escoger la contraria (1989, 15), apelar a instrumentos no-argumentativos que pueden, incluso, catalogarse como irracionales tales como la propaganda y la coerción a fin de crear las condiciones sicológicas indispensables.

> "Que intereses, fuerzas, propagandas y técnicas de lavado de cerebro juegan en el crecimiento del conocimiento y a fortiori, de la ciencia un papel mucho mayor delo que comúnmente se cree puede verse también a partir de un análisis de la relación entre la idea y la acción (Feyerabend., 1989, 17.)

Se ha aceptado que sólo la argumentación racional permite el avance de la ciencia, sin embargo, las teorías suelen ser claras y razonables después de que partes incoherentes de ella han sido utilizadas por mucho tiempo: "tal irrazonable, sin sentido y poco metódico prólogo resulta así ser una inevitable condición previa de claridad y éxito empírico" (Feyerabend, 1989, 19).

El científico, al intentar resolver un problema, utiliza indistintamente un procedimiento u otro, en vez de tratar de tiranizar el problema y someterlo a la rigidez del método, debe adaptar éste último a la especificidad del problema, con miras a hallar la solución. La complejidad y la imposibilidad de predecir el comportamiento humano, hacen imposible el establecimiento de un conjunto de reglas, que por anticipado pueda explicar u ordenar todo el conjunto de las actuaciones humanas; así las cosas, el "oportunismo" desde esta perspectiva, más que un vicio es una virtud. El científico debe tener como virtud el ser oportunista y poco escrupuloso al momento de escoger su método o de pasar a otro. (Feyerabend, 1989, 7 y 8)

La idea de un método fijo o una teoría fija de la racionalidad, es hija de una visión reductiva y simple del ser humano y de su historicidad; si se contempla la multiplicidad y variedad de material proporcionado por la historia y se renuncia a la necesidad de seguridad intelectual que se expresa en la "claridad, precisión, objetividad o verdad", se debe admitir un solo principio "que puede ser defendido bajo cualquier circunstancia y en todas las etapas del desarrollo humano. Me refiero al principio todo vale" (Feyerabend, 1989, 20).

No es posible hallar un criterio valido de evaluación de las teorías científicas que pueda determinar la superioridad de una teoría frente a la otra. En consecuencia, no sólo se deben renunciar a los estándares de racionalidad (en la medida en que estos obedecen a ciertas condiciones históricas, sociales y culturales) sino a la necesidad de evaluar una teoría comparándola con otra, pues, "todo vale". Este principio, articulado al de "inconmensurabilidad", niega la exigencia de un procedimiento uniforme en la ciencia y apuesta por una metodología pluralista, en la que se le otorgue al investigador la más amplia libertad. El "principio de inconmensurabilidad" no sólo se establece al exterior de la ciencia, entre ésta y los demás saberes o estilos cognitivos, sino al interior de la misma entre teorías rivales.

El principio de todo vale aconseja ir contra las reglas, lo que sugiere, por ejemplo, que en el caso del inductivismo, que considera que son los hechos experimentales lo que determinar la validez de las teorías, se debe proceder "contrainductivamente además de proceder inductivamente" (Feyerabend, 1989, 21), ello exige la elaboración de hipótesis que contradigan en forma abierta las teorías más aceptadas y confirmadas o que desmientan los hechos tenidos por evidentes. En cierto sentido, no existe una teoría que pueda explicar absolutamente todos los fenómenos sometidos a su vigilancia, desde esta perspectiva todas las teorías son inconsistentes y, a pesar de ello, siguen siendo utilizadas, aún más, teorías incongruentes han contribuido al progreso social y económico.

Feyerabend privilegia el contexto de descubrimiento (factores externos) frente al contexto de justificación (Factores internos: análisis, críticas, pruebas) en la explicación del progreso del conocimiento científico. La ciencia, según él, ha progresado gracias a la anarquía. Cuando se trata de escoger entre dos o más teorías "inconmensurables" que explican el mismo fenómeno, la decisión nunca ha obedecido a criterios racionales y objetivos. En el esquema anarquista de Feyerabend, tanto el cambio como el crecimiento de la ciencia, se explican por factores externos tales como las ideologías, las propagandas, la mercadotecnia o, las preferencias subjetivas, por eso, su critica la historia de la ciencia, la cual se reduce a la presentación de unos hechos y unas conclusiones obtenidas por unos actores principales. Por el contrario, la historia de la ciencia es tan compleja, caótica, llena de error y divertida como las mentes que las han inventado (Feyerabend, 1989, 11).

Otras críticas de Feyerabend estuvieron encaminadas a enjuiciar el concepto de racionalidad y progreso en la ciencia. El mundo moderno lleva implícita la idea de que la racionalidad científica aseguraría un progreso interrumpido, sin embargo, la historia ha sometido a prueba a la ciencia y ha refutado o, por lo menos, desmentido esa creencia. Sus opositores argumentan que la racionalidad de la ciencia se limita a su lógica interna y que sus consecuencias sociales son extracientífica, sin embargo, en opinión de Feyerabend, dado que la ciencia tiene sentido en la medida en que hace parte de un modo de vida, histórica y culturalmente determinada, es necesario que sea evaluada en relación con estos factores extralógicos.

XVI. ARQUEOLOGÍA Y GENEALOGÍA

Desde la muerte de Michel Foucault se ha incrementado de manera notable los estudios sobre su pensamiento. Una de las grandes dificultades a la que se enfrentan quienes se dan a la tarea de estudiar la obra de este pensador francés, tiene que ver con la casi imposible labor de resumir las poéticas descripciones históricas o sistematizar la claridad discursiva de su propuesta filosófica sin pagar el precio de deformarlas. Todos reconocen que su pensamiento ha contribuido a la creación de un nuevo marco de referencia teórico para los problemas existentes en la sociedad contemporánea, en ese sentido, es incuestionable su influencia en la redefinición de múltiples campos del saber y del hacer, entre los que se pueden señalar: la historia, la teoría literaria, la arquitectura, la estética musical, las ciencias humanas, la educación, la política y el derecho, entre otros.

Sus reflexiones han sido comúnmente identificado con el estructuralismo, esto es, con las ideas y formas de investigaciones que surgieron en Francia con autores como Levi-straus (estructuralismo antropológico), Jacques Lacan (Psicoanálisis estructuralista), Louis Altusser (marxismo estructuralista), Roland Barthes (estructuralismo literario o crítico) y Jaques Derrida, (filosofía estructuralista, aunque los dos lo han negado) quienes han reconocido, que se apoyaron en la obra de Saussure, Freud y Marx. (No se puede olvidar hacer referencia al estructuralismo lingüístico, que florece en Rusia y en las escuelas de Praga y Copenhague, o a autores que proceden de otra tradición tales como Noam Chomsky).

El estructuralismo, se asume como un método de comprensión de las realidades humanas socialmente construidas; parte de la tesis de que existen estructuras entendidas como sistema o conjunto de sistemas, que van desde las reglas de etiqueta y la urbanidad hasta el sistema del lenguaje. Una idea básica es que de alguna manera todos los sistemas que constituyen una estructura, son sistemas lingüísticos, sin que se entienda que el estructuralismo simplemente transfiere al ámbito de las ciencias humanas el modelo lingüístico.

Ahora bien, la estructura, no es observable, ni inducidas, pero tampoco pueden ser asimiladas a nociones metafísicas; vistas desde la metodología son principios de explicación. No obstante, lo anterior, los trabajos en torno a la arqueología de las ciencias humanas, arqueología del saber y sobre el orden del discurso muestran una base filosófica que sugiere diferencias notables en relación con el concepto de estructura que éste autor maneja en comparación con otros autores. En realidad, si se quiere entender su propuesta metodológica de Foucault se deberían tener en cuenta dos conceptos claves: arqueología del saber y genealogía del poder.

Foucault a denominado arqueología del saber al análisis del "cuadro" que se realiza sobre una historia general (no global), que en manera alguna se identifica con el espíritu de una época o con un conjunto de fenómenos, hechos o instituciones que podrían realizarse en una historia de las ideas; el cuadro se expresa a través de un discurso que articula regularidades en donde se incluyen umbrales, cortes, discontinuidades y límites (Ferrater Mora, 2001, 241).

El discurso en la obra de Foucault es lo que se dice, es un orden que precisa un campo de experiencia y de saber posible, por lo mismo define el modo de ser de los objetos que aparecen en el campo delimitado; en él se hacen visibles una serie de procedimientos que permiten distinguir lo admitido de lo no admitido o lo normal de lo anormal. El discurso, en ese sentido, no es elaborado por los hombres, más bien, es el que forma a los hombres, el que los aloja o los excluye.

La arqueología es una tentativa de establecer un conjunto de condiciones en las que se ejerce la función enunciativa (Foucault, 1992, 146-177) por ello no puede identificarse con una historia más de las ideas (Foucault, 1992, 227-235). Foucault entiende por enunciado, algo distinto de lo que se entiende en la lógica y la gramática; según él, un enunciado es un decir que se comprende en función del contexto. El enunciado es una unidad básica superponible a unidades elementales básicas gramaticales o lógicas. Todo enunciado se entiende en virtud de una función (función enunciativa) en donde se tiene en cuenta no sólo la relación que se establece entre el sujeto que enuncia y el enunciado, es decir, lo que enuncia, sino también la relación que se establece entre el contexto de enunciados y el modo como el sujeto funciona con ellos. (Ferrater Mora, 2001, 1033)

La arqueología se orienta al análisis de los discursos, pero no vie en estos un signo que esconda un discurso o un objeto, le interesa el discurso en su especificidad, el "discurso-objeto" o si se quiere, los "tipos y reglas de prácticas discursivas que atraviesan obras individuales". La arqueología no pretende ser sicología, sociología o antropología de la creación de una obra, no aspira a descubrir continuidades históricas en el discurso ni quiere restituir lo que ha sido pensado (querido, experimentado o deseado) por el sujeto en el momento de proferir el discurso, es una reescritura, una descripción sistemática de un discurso-objeto. (Ferrater Mora, 2001, 241)

Se puede decir, que, si bien la propuesta arqueológica de Foucault se interesa por la historia, lo hace de un modo específico: sus trabajos sobre la locura, la sexualidad, el nacimiento de la prisión o la clínica, a pesar de ser históricos, toman distancia de la tradición historiográfica narrativa clásica cuyo interés se centra en los grandes metarrelatos, porque sus investigaciones no se interesan por una historia global y continua en el que el acontecimiento se explicarían atados a una racionalidad evolutiva, no tratan de realizar una historia del pensamiento en general, sino de lo que hay de pensamiento en una cultura y de todo aquello en lo que hay pensamiento, es decir, saber. Para Foucault hay pensamiento en la filosofía y en la ciencia, pero, también lo hay en una novela, en una jurisprudencia, en un discurso político o en un sistema administrativo como la prisión. Esta idea está articulada a su afirmación de que la filosofía no existe, en la medida en que no se halla actualizada en ningún discurso, ni en ningún texto, la misma e ha diseminado en una multitud de actividades diversas (Morey, 1983,15-16).

Como puede observarse, la arqueología del saber sugiere una forma especial de interesarse por la historia, debido a que no tiene un propósito interpretativo. Para Foucault, el hecho histórico permite poner de presente una determinada forma de ver y hablar, no para descubrir los que esos enunciados y esas visibilidades esconden, sino para interrogar en la realidad el modo en que ellas existen (Foucault, 1992, 143). Cuando se interesa por ciertas prácticas no es para detenerse en ellas, es para captar el sentido estratégico de las formaciones discursivas, sus transformaciones y sus correlaciones (García, 1991, 47) Formación, transformación (o umbral) y correlación, se convierten en los tres criterios que permiten a Foucault sustituir la historia totalizante por el análisis diferenciado según un campo epistemológico o episteme (Foucault, 1991, 50).

La episteme es lo que permite demarcar un campo de conocimiento posible, en palabras de Foucault, "es un espacio de dispersión, un campo abierto y, sin duda, indefinidamente descriptible de relaciones" (Foucault, 1991, 51) que define la forma como los objetos son percibidos, agrupados, definidos, por eso no puede identificarse con una suma de conocimientos o un estilo general de investigaciones. La "episteme", por consiguiente, es un "lugar" desde donde el cual el sujeto conoce según unas reglas estructurales, no obstante, lo anterior, no puede hablarse de continuidad entre diversas epistemes ni historia de "epistemes". En el caso de las ciencias humanan no han constituido la episteme moderna, sino, por el contrario, es la disposición general de la episteme la que permite su establecimiento.

Si la arqueología, como el mismo Foucault afirma, busca alcanzar, en determinados dominios, un cierto modo de descripción de los "regímenes de saber" con el propósito de definir y caracterizar, en un período relativamente breve, un nivel de análisis en el campo de los hechos, la "genealogía" pretende, haciendo uso de la noción de relaciones de poder, explicar lo que la arqueología describe, dicho de una forma más precisa: la genealogía explica o analiza el nivel de la arqueología.

La genealogía es gris, meticulosa y pacientemente documentalista, no busca describir ni ordenar génesis lineales de eventos, hechos históricos homogéneos que se pueden explicar a partir de una causa o teleología racional, como si el mundo que se estudia no hubiese estado sometido a las luchas, invasiones y trampas, por eso, la genealogía se concentra en percibir la singularidad de los sucesos y encontrarlos allí donde no se espera, como pueden ser los sentimientos, el amor o los instintos, igualmente, puede explorar el punto de su ausencia, esto es, el momento en que no han tenido lugar; lo anterior explica porque el espacio de la genealogía lo configuren las sendas embrolladas, garabateadas, muchas veces re-escritas (Foucault, 1992, 7-8).

Como lo sugirió Nietzsche, la genealogía se opone a la búsqueda del origen. La búsqueda del origen pretende encontrar lo que estaba ya dado, lo que se adecua a una imagen previa, sumado a esto, considera como ocasionales las trampas y los disfraces que han estado presentes en los eventos. La genealogía, por el contrario, reconoce que detrás de las cosas no hay esencia o que la misma fue construida a partir de figuras que le eran extrañas, que detrás de la excelsa razón se halla lo inconfesable y lo bajo, que detrás de la ciencia y el rigor científico la pasión y el odio reciproco y que en el comienzo histórico de las cosas no se halla la identidad, aún preservada de su origen, sino la discordia con las otras cosas, el disparate, el error (Foucault, 1992, 10).

Los términos Herkunft o Entstehung precisan, con más acierto, el objeto propio de la genealogía que Ursprung. Comúnmente, señala Foulcault, se les traduce por origen, pero debería traducirse mejor por "fuente" o "procedencia" (Herkunft), no con el propósito de encontrar los caracteres genéricos que permitan asimilar una cosa o un individuo a otro para identificar su pertenencia a un grupo, sino de percibir todas las marcas sutiles y singulares que permita ponerlas aparte y establecer una diferencia. La procedencia exige mantener lo que aconteció en la dispersión que le es propia, reconociendo los accidentes, las desviaciones, los errores, los malos cálculos que dan cuenta de lo que existe y es válido para el individuo, permite descubrir que en la raíz de lo que se acepta, se conoce y se es no se halla ni la verdad ni el ser sino la exterioridad del accidente (Foucault, 1992,13).

> "...Allí donde el alma pretende unificarse, allí donde el Yo se inventa una identidad o una coherencia, el genealogista parte a la búsqueda del comienzo –de los comienzos innumerables que

dejan esa sospecha de color, esta marca casi borrada que no podría engañar a un ojo un poco histórico-; el análisis de la procedencia permite disociar al Yo y hacer pulular, en los lugares y plazas de sus síntesis vacías, mil sucesos perdidos hasta ahora. (Foucault, 1992, 13.)

En otro lugar, distingue entre Erfindung (invención) y Ursprung (origen) apoyado en Nietzsche, quien critico a Schopenhauer porque quiso hallar el origen de la religión en un sentimiento metafísico presente en todos los hombres, lo que presupondría que la religión estaba dada o implícita en ese sentimiento metafísico, pero la historia, según Nietzsche, no puede hacerse de esa manera, porque la religión no tiene origen (Ursprung), fue inventada, hubo una Erfindung, es decir, en un momento dado hubo algo que la hizo aparecer, es una creación humana no natural. Este hecho señala una relación fundamental de oposición entre la continuidad, que presupone el origen de algo y la ruptura de la invención. (Foucault, 1998, 21) La invención presupone, por una parte, la "ruptura" y, por otro, la señal de que lo inventado posee un comienzo bajo, inconfesable, mezquino, sometido a las oscuras relaciones de poder por oposición al origen solemne de los filósofos.

"El historiador no debe temer a las mezquindades pues fue de mezquindad en mezquindad, de pequeñez en pequeñez, que finalmente se formaron las grandes cosas. A la solemnidad del origen es necesario oponer, siguiendo un buen método histórico, la pequeñez meticulosa e inconfesable de esas fabricaciones e invenciones (Foucault, 1998, 21-22).

La expresión Entstehung hace relación a surgimiento más que a origen, al punto de emergencia, al principio y a la ley singular que rige su aparición, sin que por ella deba recurrirse a la noción de fin o finalidad que presupondría la percepción de que las cosas aparecieron siempre desde el principio para un destino específico. La noción de origen supondría que las cosas están sometidas a un oscuro destino desde el primer momento, el ojo habría surgido desde el principio de los tiempos destinado a la contemplación y castigo para dar ejemplo, pero, en realidad, el ojo primero sirvió para la caza y la guerra y el castigo para vengarse, excluir al agresor, meter miedo a los otros (Foucault, 1992, 15).

La genealogía desmitifica el poder anticipador del sentido y, en su lugar, sugiere la existencia del "juego azaroso de las dominaciones", muestra que la "Entstehung" se produce siempre en un estado de fuerza, por ello la emergencia es la entrada en escena de las fuerzas. Si la procedencia designa la cualidad, el grado, la marca de un cuerpo, la emergencia señala el espacio del enfrentamiento, sin que este se equipare a un campo cerrado en el que los adversarios estarían en igualdad de condiciones; éste es, más bien, un no lugar, una pura distancia que muestra que los adversarios no pertenecen a un mismo espacio, un intersticio. Nadie puede por ello puede ser responsable ni vanagloriarse de una emergencia (Foucault, 1992, 17).

> "El análisis de la Entstehung debe mostrar el fuego, la manera como luchan unas contra otras, o el combate que realizan contra las circunstancias adversas, o aún más, la tentativa que hacen (...) para escapar a la degeneración y revigorizarse a partir de su propio debilitamiento. Por ejemplo, la emergencia de una especie (animal o humana) y su solidez está aseguradas 'mediante un largo combate contra condiciones constantemente y esencialmente desfavorables'" (Foucault, 1992, 16).

La genealogía definida como búsqueda de la "Herkunft" y de la "Entstehung" invierte la relación aceptada habitualmente entre la irrupción de un suceso y la necesidad continúa defendida por la

159

tradición de la historia (racionalista o teológica) que disuelve el suceso singular en una continuidad ideal teleológica o natural, para mostrar que las fuerzas presentes en la historia no obedecen ni a un destino ni a una mecánica, sino al azar de la lucha.

> "Al contrario del mundo cristiano, tejido universalmente por la araña divina, a diferencia del mundo griego dividido entre el reino de la voluntad y el de la gran estupidez cósmica, el mundo de la historia efectiva no conoce más que un solo reino, en el que no hay ni providencia ni causa final (...)... Aún más, no hay que comprender este azar como una simple jugada de suerte, sino como el riesgo siempre relanzado de la voluntad de poder que a toda salida del azar opone, para matizarla, el riesgo de un mayor azar todavía. Si bien el mundo que conocemos no es esta figura simple, en suma, en la que todos los sucesos se han borrado para que se acentúen poco a poco los rasgos esenciales, el sentid final, el valor primero y último; es por el contrario una miríada de sucesos entrecruzados (...) Creemos que nuestro presente se apoya sobre intenciones profundas, necesidades estables; pedimos a los historiadores que nos convenzan de ello. Pero el verdadero sentido histórico reconoce que vivimos, sin referencias ni coordenadas originarias, en miríadas de sucesos perdidos" (Foucault, 1992, 21-22).

La aproximación que propone la genealogía a la historia, propone tres modalidades de la historia que se oponen al platonismo, tratando de hacer de la historia una contra-memoria que evite la sujeción a un modelo metafísico o antropológico: una tiene que ver con la utilización de la parodia y bufa, que se opone a la historia-reminiscencia o reconocimiento, otro es el uso disociativo y destructor de identidad, que se opone a la historia-continuidad y a la tradición, finalmente, el uso sacrificial y destructor de verdad que se opone a la historia-conocimiento.

Foucault afirma, que en oposición a la idea de Spinoza que considera que para comprender las cosas en su naturaleza y en su verdad es necesario abstenerse de reír de ellas, deplorarlas o detestarlas, Nietzsche sostiene que es todo lo contrario, debido que el conocimiento es el resultado de cierto juego, composición o compensación entre reír, deplorar y detestar. Estas tres pasiones o impulsos tienen en común que ponen a distancia el objeto en el acto de conocimiento, impidiendo la identificación con el objeto y posibilitando su diferenciación, lo anterior sugiere, que en el acto de conocimiento hay una voluntad oscura de romper con el objeto, de protegerse de él la por la risa, desvalorizarlo y, finalmente, destruirlo por el odio, de lo que se sigue que, en la raíz del conocimiento no hay impulsos que aspiren a la unidad y al amor sino al odio, al desprecio o el temor frente a todas aquellas cosas que son amenazadoras o presuntuosas (Foucault, 1998, 26-27). En el acto de conocimiento no existe adecuación al objeto, ni asimilación, no hay nada que se parezca al amor o la felicidad, hay más bien, distancia, odio, hostilidad y dominación. Según él, los filósofos se engañan cuando tratan de explicar el conocimiento en términos de adecuación, amor, paz perpetua, consenso, discurso racional o pacificación. No es posible comprender el conocimiento desde la forma ascética tradicional de la filosofía y del filósofo.

> "Para saber qué es, para conocerlo realmente, para aprehenderlo en su raíz, en su fabricación, debemos aproximarnos a él no como filósofos sino como políticos, debemos comprender cuales son las relaciones de lucha y de poder. Solamente en esas relaciones de lucha y poder, en la manera como las cosas entre sí se oponen, en la manera como se odian entre sí los hombres, luchan, procuran dominarse unos a otros, quieren ejercer relaciones de poder unos sobre otros, comprendemos en que consiste el conocimiento." (Foucault, 1998, 28).

XVII PANORÁMICA ACTUAL DE LAS CIENCIAS HUMANAS

G iddens y J. H. Turner han puesto de presente los importantes cambios surgidos en la panorámica de las ciencias humanas y especialmente en el ámbito de la teoría social. Para ellos, EN las décadas que siguieron a la II Guerra Mundial, han proliferado una multiplicidad de enfoque en relación con la cuestión metodológica, el pensamiento teórico y la investigación normal, entre las que se cuentan el retorno a teorías ignoradas como la Fenomenología de Schütz, la hermenéutica de Gadamer y Ricoeur, la Teoría crítica de Habermas, igual puede aludirse a la renovación de enfoques como el Interaccionismo simbólico (Norteamérica) o el estructuralismo (Europa) o la aparición de modernas perspectivas como la Etnometodología o la Teoría de la praxis de Bourdier; orientaciones, todas ellas, que cohabitarían con la corriente principal representada por el empirismo lógico-filosófico (Giddens y Turner, 1990, 9-21)

Es esta situación la que hace decir a Skinner (1988, 13-30) que, el retorno a la gran teoría en las ciencias humanas vendría de la mano de autores como Gadamer, Habermas, Foucault, Derrida y otros. Esta eclosión de enfoques teóricos y metodológicos ha traído como consecuencia, por una parte, la desilusión y desencanto hacia las teorías dominantes en la corriente principal (léase empirismo lógico-filosófico) y, por otra, el auge de las perspectivas lingüísticas, fenomenológicas y hermenéuticas, destacándose el consenso en torno al carácter hermenéutico de las ciencias humanas; la aparición de nuevas formas de relativismo y de historicismo.

La confrontación entre los paradigmas positivistas y anti-positivistas, de la que muchos autores participaron (Kuhn y Popper constituyen un buen ejemplo), han señalado rutas y tópicos de discusión que exigen ser desarrolladas y re-conceptualizadas, entre ellos se puede señalar los siguientes (Prior, 2002, 9):

a. Papel de la experiencia para la teoría vs. Holismo, sea entre enunciado y teoría o entre teoría y vida.

b. Neutralidad del observador vs. papel activo del observador.

c. Neutralidad del lenguaje y de los enunciados vs. Conexidad entre discurso y prácticas pre-discursivas (tradición, precomprensión, etc.).

d. Caracterización de la de la filosofía como meta-lenguaje vs. función de la filosofía como lenguaje objeto y conceptualización directa de las cuestiones de la vida social.

e. Explicación vs. Interpretación

f. Reducción de la política a la técnica vs. Separación entre política y técnica

g. Separación entre teoría (lógica de la investigación) e historia vs. conexión entre teoría e historia

h. Separación entre Ciencia y Metafísica vs. continuidad entre ciencia, filosofía, mito, arte, literatura, y política.

Un tópico, en el que los teóricos coinciden, es el del carácter hermenéutico de las ciencias humanas, de tal manera que, aún las teorías que sostienen la índole explicativa de estas, reconocen su dimensión hermenéutica. Agnes Heller señala que si bien las ciencias sociales no alcanzaron los objetivos que se habrían propuesto en su versión clásica, ello es, la búsqueda de certeza y la resolución de problemas, hoy, sin embargo, tienen un papel insustituible en el autoconocimiento de la sociedad moderna. Autoconocimiento que no sería tanto reconocimiento de la necesidad (lógico-metafísica) como del suceder contingente (Rorty), orientado al reconocimiento de lo local y de las circunstancias históricas concretas, sin pretensiones de certeza (Heller, 1989, 52 y ss.).

Este reconocimiento de la contingencia, explica el auge de los modelos historicista y relativistas y del "solapamiento de métodos diferentes" (Giddens y Turner), que describiría el dualismo metodológico actual de la teoría social y de las ciencias humanas, en el que advierte la coexistencia de dos tradiciones: por una parte, el modelo galileano-newtoniano, modelo de la causalidad y explicación causal, cuantitativo y matematizado, muy ligado a las teorías dominantes en la corriente principal (empirismo lógico-filosófico) y, por otra, el modelo Aristotélico, modelo de la comprensión teleológica, que reivindica lo cualitativo y los modelos hermenéuticos, fenomenológicos y lingüísticos.

CONCLUSIONES

A qué se puede llamar ciencia o qué es la ciencia. Como se ha visto a lo largo de este trabajo, no hay ni ha habido un criterio que permita converger en torno a una única idea de ciencia, entre otras cosas porque el término ciencia es ambiguo y vago, por ejemplo, con él se designa tanto el proceso como el resultado de la actividad que usualmente realizan a quienes se les llama científico. Es un hecho, toda definición o conceptualización de lo científico presupone una idea de ciencia o una práctica científica que subyace, a partir de la cual se jerarquiza el conocimiento otorgándole validez a unos y excluyendo otros. Todo esto pone de presente como la reflexión sobre lo científico o la ciencia lleva implícita no solo una perspectiva epistemológica, sino, además, un marco de referencia metafísico desde el cual se hace haciendo imposible una delimitación neutra y objetiva del concepto de ciencia.

La ciencia se fundamenta en premisas indemostrables en sí mismas y sin las cuales ella no puede operar. La ciencia parte de la existencia del fenómeno (supuesto de realidad), que este es ordenable y que existe un nexo entre sus variables, que hay una naturaleza y unos presupuestos lógicos como el principio de identidad: la ciencia requiere de la identidad, de la idea de que las cosas son iguales a sí mismas y del supuesto de la permanencia del objeto en el tiempo, lo que exige pensar en un mundo inmutable en el que existan equivalencias entre los objetos, pero, sin embargo, la realidad muestra lo contrario. Las cosas están en constante movimiento y devenir. Esto mismo puede aplicarse al principio de causalidad y otros supuestos (Núñez Regueiro, 1944, 15). Por consiguiente, la respuesta a la pregunta por la ciencia pone de presente que la discusión en torno a ella no es nada fácil, pues su respuesta exige responder a una pregunta previa: ¿Cuáles son los supuestos teórico epistemológico y el marco metafísico que se conviene establecer como criterios rigurosos y suficientes sobre el carácter científico de un saber?

REFERENCIAS BIBLIOGRAFICAS

1.   Adorno, Th. W. "Sobre la lógica de las ciencias sociales", En, Adorno, T. y otros. (1973). La disputa del Positivismo en la Sociología Alemana. Barcelona: Grijalbo

2.   Aristóteles. (1975) Metafísica. Madrid: Editorial Espasa – Calpe, S.A.

3.   Armengol, Rogeli. (1994). El pensamiento de Sócrates y el psicoanálisis de Freud. Barcelona: ediciones Paidós.

4.   Asimos, Isaac. (1986). Historia del Telescopio. Madrid: Alianza editorial.

5.   Asimos, Isaac. (1986) Historia del Telescopio. Madrid: Alianza editorial
6.   Betegón Jerónimo y otros. (1997). Lecciones de teoría del derecho. Madrid: McGraw-Hill.

7.   Berti,   Enrico   (1994).   Como   argumentan   los hermeneutas, En, Vattimo, Gianni y otros, (1994). Racionalidad y Hermenéutica, Bogotá: editorial norma

8.   Botero Uribe, Darío. (1998). "Habermas de los actos de habla a la acción comunicativa" En, El poder de la filosofía y la filosofía del poder Tomo 1. Bogotá: Universidad Nacional de Colombia

9.   Bunge, Mario. (1969). La Investigación Científica. Barcelona: Ariel

10.   Briones, Guillermo. (1996). Epistemología de las ciencias sociales. Bogotá: ICFES

11.   Calsamiglia Albert. (1994). Introducción a la ciencia jurídica. Barcelona: Ariel.

12.   Comte, Augusto (1934/1980) Discurso sobre el espíritu. positivo, versión y prólogo de Julián Marías (Madrid, Alianza Editorial, 1980.

13.   Correas Oscar. (1998). Metodología Jurídica, una Introducción Filosófica. México: Editorial Fontamara.

14.   Descartes. (1967). "Regla para la dirección del espíritu", En, IV obras escogidas, Buenos Aires: Sudamericana.

15.   Deleuze Guille y Guattari Félix. (1994). ¿Qué es la filosofía? Barcelona: Editorial anagrama. Barcelona.

16.   Dilthey, Wilhelm. (1986). Crítica de la razón histórica, Barcelona: Península,

17.   Duque M. Luz M. (1996). "Kepler interprete de Dios", En Filosofía & Ciencia. Cali-Colombia: Editorial Universidad del valle.

18.   Durkheim, Emilie. (1979). Las Reglas del Método Sociológico, Buenos Aires: Editorial la Pleyade

19.   Eco, Humberto. (1993).   El Nombre de la Rosa. Barcelona: RBA editores, S.A.

20.   Feyerabend, Paúl y A. Naess. (1979). "El Mito de la ciencia y su papel en la sociedad", En, Revista Teorema.

21.   Feyerabend Paúl K. (1989). Contra el método, Esquema de una teoría anarquista del conocimiento. Barcelona: Editorial Ariel, S.A.

22.   Feyerabend, Paul K. (1987). Adiós a la razón. Madrid: Editorial Tecnos.

23.   Foucault, Michel. (1973).   Entretien avec R. Bellour; trad. Cast. Libro de los Otros. Paris: Editorial Gallimard.

24.   Foucault, Michel. (1992). "Nietzsche, la genealogía, la historia", En, Microfísica del poder. Madrid: Las ediciones de la Piqueta.

25.   Foucault, Michel. (1991). "La función política del intelectual. Respuesta a una cuestión", En Saber y Verdad Madrid: Las Ediciones de la Piqueta.

26.   Foucault, Michel. (1992). La Arqueología del Saber. México: Siglo veintiuno editores.

27.   Foucault, Michael. (1998).   La verdad y las formas jurídicas. Barcelona: Editorial Gedisa

28.   Gadamer, Hans – Georg. (1995). "El terreno sólido: Platón y Aristóteles", En, El inicio de la filosofía occidental. Madrid: Editorial Paidós.

29.   Hans-Georg, Gadamer. (1995). Verdad y Método. Madrid: Editorial Herder.

30.   Gallego   Vásquez,   Federico.   (1994)   "Aspectos estructurales de la teoría de la acción comunicativa de Jürgen Habermas", En, Historia y cultura, Revista de la Facultad de Ciencias Humanas U de Cartagena, No.3.

31.   García Morente, Manuel. (1994) Lecciones preliminares de filosofía, México: editorial Porrúa.

32.   Giddens y J. H. Turner. (1990). La teoría social hoy. Madrid: Alianza.

33.   Grondin Jean. (1999). Introducción a la hermenéutica filosófica. Barcelona: Editorial. Heder.

34.   Habermas Jürgen. "Conocimiento e Interés", En H. Seiffert, Introducción a la teoría de la ciencia. Barcelona: Heder, 1977.

35.   Habermas, Jürgen. (1997). Teoría y praxis. Madrid: Tecnos.

36.   Hawking, W. (1988). Historia del tiempo del big bang a los agujeros negros, Madrid: Crítica.

37.   Heller, Agnes. (1989). "De la hermenéutica en las ciencias sociales a la hermenéutica de las ciencias sociales" En A. Heller y F. Feher, Políticas de la posmodernidad, Barcelona: Península.

38.   Heisemberg, Werner. (1979). Encuentros y conversaciones con Einstein y otros ensayos. Madrid: Alianza.

39.   Herrera Jaramillo, Francisco José. Filosofía del derecho. Pontificia Universidad Javeriana. Santa fe de Bogotá.

40.   Horkheimer, Max. (2003) Teoría crítica, Buenos Aires: Amorrou.

41.   Husserl, Edmundo. (1991). La Crisis de las ciencias y la fenomenología trascendental, Barcelona: Critica.

42.   Jaeger, Werner. (1994). Paideia. México: Fondo de Cultura Económico.

43.   Kant, Immanuel. (1967). Critica de la Razón Pura. Buenos Aires: Losada.

44.   Koyre Alexandre. (1978). Estudios de Historia del pensamiento científico. México: Siglo XXI.

45.   Lakatos Irme. (1993). La Metodología de los Programas de Investigación Científica. Madrid: Alianza.

46.   Leibniz, Godofredo. (1992). Nuevo ensayo sobre el entendimiento humano. Madrid: Alianza editorial.

47.   Margot, Jean, paúl. (1995). La Modernidad: una ontología de lo incomprensible, Cali-Colombia: Editorial Universidad del Valle.

48.   Martínez Ferro Hernán. (1997). "La propuesta fenomenológica como alternativa a la crisis de la cultura moderna", En, Revista Historias y Cultura, No. 5. Cartagena-Colombia: Facultad de Ciencias Humanas de la Universidad de Cartagena.

49.   Medina, Manuel y otros. (2000). "Ciencia- tecnología-cultura del siglo XX al XXI". En Ciencia, tecnología / naturaleza, cultura en el siglo XXI. Barcelona: Anthropos.

50.   Mercado Pérez, David. (1998). Aproximación al concepto de ciencia y al de ciencia jurídica. Revista Mario Alario D'Filipo. No. 2, Cartagena-Colombia: Universidad de Cartagena Facultad de derecho y ciencias políticas,

51.   Michel Serres, 1991 "Ciencia y Derecho", en, "El Contrato Natural", Valencia- España: Editorial Pre-texto.

52.   Morey, Miguel. (1983). Lectura de Foucault. Madrid: Ediciones Taurus, S.A. Madrid.

53.   Moreau, J. (1972). Aristóteles y su escuela. Buenos Aires: Eudeba.

54.   Miller, David. (1997). Popper Escritos Selectos. México: Fondo de Cultura Económica.

55.   Nietzsche. (1980). "Sobre el arte de la desconfianza Escritos Póstumos 1884-1885.", Barcelona: Editorial Gallimara.

56.   Núñez, Regueiro. (1944). Metafísica y ciencia, Buenos Aires: Editorial Ateneo.

57.   Platón. (1993) "Apología de Sócrates". En, Diálogos, Bogotá: Panamericana editorial.

58.   Perelman, Chain. (1993) La lógica jurídica y la nueva retórica. Madrid: Editorial Civitas.

59.   Popper, K. R. (1958). Los Comienzos del racionalismo. En David Millar. (1997). Popper escritos Selectos. México: Fondo de Cultura económica.

60.   Popper, K. El Problema de la Inducción (1953, 1974). En David Millar. (1997). Popper escritos Selectos. México: Fondo de Cultura económica.

61.   Popper, Karl. (1996). La Lógica de la investigación científica. México: Fondo de Cultura Económica.

62.   Popper K. Raymundo. (1973). "La Lógica de las Ciencias Sociales", En, Adorno, T. y otros. La disputa del Positivismo en la Sociología Alemana. Barcelona Grijalbo.

63.   Prior Olmos, Ángel. (2002). "Nuevos métodos en Ciencias Humanas y conciencia de la contingencia", En, Nuevos métodos en Ciencias Humanas, Barcelona: Anthropos.

64.   Randall, J. (1952) La formación del pensamiento moderno. Historia intelectual de nuestra época. Buenos Aires: Nova.

65.   Raz, Joseph. 1980. The concept of a legal System, Oxford: Clarendon Press.

66.   Recasens Sichés, Luis. (1990). Tratado de Filosofía del Derecho. México: Fondo de Cultura Económica.

67.   Recasens Fiches, Luis. (1980). Nueva filosofía de la interpretación del derecho. México, editorial Porrúa.

68.   Rickert, Enrique. (1965). Ciencia cultural y ciencias naturales, Argentina: Ediciones Espasa- Calpe, S.A.

69.   Ritzer, George. (1993). Teoría sociológica clásica, 3a. edición, Editorial Mc. Graw Hill, México.

70.   Robles Gregorio, Gregorio. (1993). Introducción a la teoría del Derecho. (3ª reimpresión). Madrid: Editorial Debate.

71.   Robles, Gregorio. (1982). Epistemología y Derecho. Madrid: Ediciones Pirámide.

72.   Serres, Michel. (1991). El contrato natural. Valencia-España: Pretexto.

73.   Schutz, Alfred. (1974). El problema de la realidad social. Buenos Aires: Amorrortu.

74.   Skinne, Q. (1988) "Introducción, El retorno de la Gran Teoría", En, El retorno de la gran Teoría en las Ciencias humanas, Madrid: Alianza.

75.   Soto Posada, Gonzalo. (1996) El concepto de ciencia en la edad media, en, Filosofía & ciencia. Universidad del Valle.

76.   Vattimo, Gianni y otros. (1994). Racionalidad y Hermenéutica. Bogotá D. C: editorial norma.

BIBLIOGRAFIA COMPLEMENTARIA

1.   Asimos, Isaac (1986). Historia del Telescopio. Madrid: Alianza editorial.

2.   Bunge, Mario. (1969). La investigación científica. Barcelona: Ariel.

3.   Carrillo de la Rosa, Yezid. Curso de teoría y filosofía del derecho En, Revista Jurídica No. 15 de la facultad de derecho y ciencias políticas de la Universidad de Cartagena, Cartagena de Indias-Colombia, mayo de 2005, pp. 237-265.

4.   Carrillo de la Rosa, Yezid. (2006). Panorámica histórica de los problemas de la ciencia y las ciencias humanas. Trabajo de ascenso, Facultad de Derecho y Ciencias Políticas de la Universidad de Cartagena.

5.   Duque M, Luz marina. (1996). "Kepler interprete de Dios", En, Filosofía & Ciencia. Cali-Colombia: Editorial Universidad del Valle.

6.   Ferrater Mora. (2001). Diccionario Filosófico. (1ª reimpresión). Barcelona: Editorial Ariel, Tomos 1- 4.

7.   Habermas, Jurgen. (1995).   Teoría de la acción comunicativa. (2 Tomo). Madrid: Editorial Taurus.

8.   Habermas, Jurgen (1990). Conocimiento e interés. Madrid: editorial Taurus.

9.   Hawking, Stephen W. (1988) Historia del tiempo del big bang a los agujeros negros, Madrid: Crítica.

10.   Husserl Edmundo. (1991). La crisis de las ciencias y la fenomenología Trascendental. Barcelona: Crítica.

11.   Popper, Karl. (1958). "racionalismo crítico". En, Miller, David. (1997). Popper Escritos Selectos. México: Fondo de Cultura Económica.

12.   Popper, Karl. (1958). "Los comienzos del racionalismo". En, Miller, David. (1997).

13.   Popper Escritos Selectos. México: Fondo de cultura económica.

14.   Popper, Karl. (1945). "La defensa del racionalismo". En, Miller, David. (1997). Popper Escritos Selectos. México: Fondo de cultura económica.

15.   Gonzalo Soto Posada. (1996). "El concepto de ciencia en la edad media", En, Filosofía & Ciencia. Cali-Colombia: Editorial Universidad del Valle.

16.   Horkheimer, Max (1974). Teoría crítica. Buenos aires: Amorrortu.

17.   Jay, M. (1974). La Imaginación Dialéctica., Madrid: Taurus.

18.   Schutz, Alfred. (1972) Fenomenología del mundo social. Introducción a la sociología comprensiva. Paidos, Buenos Aires.

19.   Schutz, Alfred. (1977) Las estructuras del mundo de la vida. Amorrortu, Buenos Aires.